重庆建工集团国家级高技能人才培训基地指定教材

BIM建模实训

BIM JIANMO SHIXUN

主　编　廖小烽　李晓倩

副主编　刘清菊　孙家福　武黎明

参　编　王云娜　贾建平　徐世彪　陶海波　吴　雪

　　　　宁中宝　钱路宁　张　吉　贾　鑫　贾国波

　　　　贾晓东　徐　立　王钰龙　向孜凯　郑　悦

重庆大学出版社

内 容 简 介

　　本书以实训实践为主,由浅入深地介绍了 BIM 主流建模软件 Revit 的应用。本书选取的案例由部分到整体,从简单到复杂,层层递进。在前 3 章中,针对 Revit 建模中最重要的几个模块,族、体量和构成建筑模型的各个图元进行针对性的练习。在综合建模章节,选取了典型的适合教学的实际项目案例,以实际项目为依托,既能满足学校对 BIM 建模教学实训的需求,又能满足技能人才实践的需求。紧密结合实战项目应用,培养技能人才既能懂得专业知识,又能懂得 BIM 技术专业知识,将施工经验与 BIM 技术相融合,体现出复合型高技能人才的重要价值。对于基础薄弱的读者,可通过查看任务解析厘清思路,也可查看本书配套的案例教学视频来解决实训过程中遇到的问题。

　　本书涵盖了从单构件到综合建模的应用案例,适用于全国 BIM 技能等级考试培训,也可作为职业院校建筑类相关专业实训教材,以及相关从业人员自学用书。

图书在版编目(CIP)数据

　　BIM 建模实训 / 廖小烽,李晓倩主编. -- 重庆:重庆大学出版社,2023.9

　　ISBN 978-7-5689-3928-7

　　Ⅰ. ①B… Ⅱ. ①廖… ②李… Ⅲ. ①建筑设计—计算机辅助设计—应用软件 Ⅳ. ①TU201.4

　　中国国家版本馆 CIP 数据核字(2023)第 089298 号

BIM 建模实训

主　编　廖小烽　李晓倩
副主编　刘清菊　孙家福　武黎明
策划编辑:林青山

责任编辑:姜　凤　　版式设计:林青山
责任校对:王　倩　　责任印制:赵　晟

*

重庆大学出版社出版发行
出版人:陈晓阳
社址:重庆市沙坪坝区大学城西路 21 号
邮编:401331
电话:(023)88617190　88617185(中小学)
传真:(023)88617186　88617166
网址:http://www.cqup.com.cn
邮箱:fxk@cqup.com.cn(营销中心)
全国新华书店经销
重庆升光电力印务有限公司印刷

*

开本:787mm×1092mm　1/16　印张:28　字数:700 千
2023 年 9 月第 1 版　　2023 年 9 月第 1 次印刷
印数:1—3 000
ISBN 978-7-5689-3928-7　定价:69.00 元

编委会

前言

　　2022年10月，中共中央办公厅、国务院办公厅印发了《关于加强新时代高技能人才队伍建设的指导意见》，指出要以习近平新时代中国特色社会主义思想为指导，深入贯彻党的二十大精神，全面贯彻习近平总书记关于做好新时代人才工作的重要思想，坚持党管人才，立足新发展阶段、贯彻新发展理念、服务构建新发展格局，推动高质量发展，深入实施新时代人才强国战略，以服务发展、稳定就业为导向，大力弘扬劳模精神、劳动精神、工匠精神，全面实施"技能中国行动"，健全技能人才培养、使用、评价、激励制度，构建党委领导、政府主导、政策支持、企业主体、社会参与的高技能人才工作体系，打造一支爱党报国、敬业奉献、技艺精湛、素质优良、规模宏大、结构合理的高技能人才队伍。重庆建工集团股份有限公司作为国家级高技能人才培训基地，坚决贯彻落实党中央、国务院有关决策部署，坚持为党育人、为国育才，结合建筑行业生产、技术发展趋势，从培训模式、课程设置、教材开发、师资建设、培训装备和能力评价等方面，努力构建较为完备、系统的BIM专业高技能人才培训体系，切实增强规模化、系统化、个性化培训高技能人才的能力，大力培养高技能人才。

　　本书由重庆建工集团股份有限公司牵头，联合重庆科技学院、重庆市筑云科技有限责任公司、第46届世赛数字建造项目教练技术团队共同编写，编写团队由高校科研团队、建设工程企业以及BIM技术专业研发机构的一线工程师共同编写。本书以工作任务为导向、以职业能力提升为核心，加入了丰富的BIM建模实训工程案例，兼备理论性和实践性，充分体现了专业学习和工作实践紧密结合的"工学一体、学做合一"的特征，满足BIM专业高技能人才职业能力培养需求，是重庆建工集团国家级高技能人才培训基地 BIM 专业核心教材。

本书以 Revit 软件为例，介绍 BIM 建模实训。全书共 5 章，案例由部分到整体设置，从第 1 章简单族的创建到各个专业参数化族的创建，第 2 章由简单体量模型的创建到复杂体量模型的创建，第 3 章开始，将工具运用到各个专业构件的创建中，从单个构件到单层模型，再到第 4 章的综合模型创建，层层递进，第 5 章作为知识拓展，讲解虚拟建造模拟的整体流程。

为了方便读者高效学习和使用本书的内容，每个章节都配套了案例讲解视频、案例 CAD 图纸、图模一体轻量化资源，读者可通过扫描教材封底对应的二维码获取配套素材。配套不同类型的全专业案例能够满足不同专业的读者，同时能够满足 BIM 等级考证的读者使用本书作为练习教材，读者可根据专业不同灵活选择书中的案例进行学习和练习。

本书为了方便读者了解案例类型，对案例进行编号，编号规则为 A:建模初级案例，B:建模中级案例，C:虚拟建造案例，字母后的数字代表序号；ZU:族，TL:体量，GJ:构件，ZH:综合，MN:模拟；AR:建筑，STR:结构，MEP:设备；F:楼层。例如，"A1_ZH_AR_3F_带玻璃斜窗平屋顶住宅−180 min"，表示此案例为初级案例 1，为建筑专业综合建模，案例为 3 层带玻璃斜窗平屋顶住宅，推荐建模时长为 180 min。每个案例后都有推荐建模时长（读者熟悉软件后应能达到的建模速度），若参加 BIM 等级考试，在综合案例建模时，读者的建模时长应短于推荐时长。

本书由廖小烽、李晓倩担任主编，刘清菊、孙家福、武黎明担任副主编，参与编写的人员有吴雪、宁中宝、王云娜、钱路宁、贾鑫、王钰龙、向孜凯、郑悦、徐立、徐世彪、贾建平、陶海波、张吉、贾国波、贾晓东，本书由夏煦、于海祥、王宇担任主审。在编写过程中，得到了相关技术人员的大力支持，再次表示衷心的感谢。

由于编者水平有限，书中难免存在不妥之处，恳请广大读者批评指正。

编　者

2023 年 1 月

目 录

第 1 章 族

1.1 初级案例

「本节实训要点」

➤ **族概念:** Revit 项目是由族组成的,族是最基本的单元组成形式。

➤ **族分类:** 族分为系统族(如墙、楼板、楼梯等只能修改属性、复制类型,不能保存成独立族文件,也不能完全删除)、可载入族(如门、窗、家具等基于族样板文件创建,可独立保存成族文件,放置时基于主体或独立存在)、内建族(在位创建,不能独立保存也不能传递到其他项目,特殊构件可用内建族创建)等。

➤ **族类别:** 模型族和注释族。

➤ **族样板选择:** Revit 从分类、功能、使用角度提供不同的族样板选择。选择不恰当的族样板,会造成使用不便、功能受限等问题,甚至导致返工。

「本节实训目标」

➤ 掌握族的概念、分类以及族样板的选择。

➤ 掌握族的创建工具使用方法。

➤ 理解族在项目中的应用。

1.1.1 A1_ZU_盘盖–30 min

「任务要求」

根据图 1.1 中给定的尺寸,创建构件集模型,图中未标注的圆弧半径为 60 mm,设置材质为"不锈钢"。最终结果以"盘盖"为文件名保存。

「任务解析」

➤ 本案例运用的族工具为旋转、拉伸、空心拉伸和空心放样。

➤ 本案例的绘制步骤从下到上分为 3 个部分,上、下两个部分为旋转,中间部分为拉伸并配合空心放样剪切。

➤ 本案例的难点为盘盖圆弧的空心放样剪切部分。

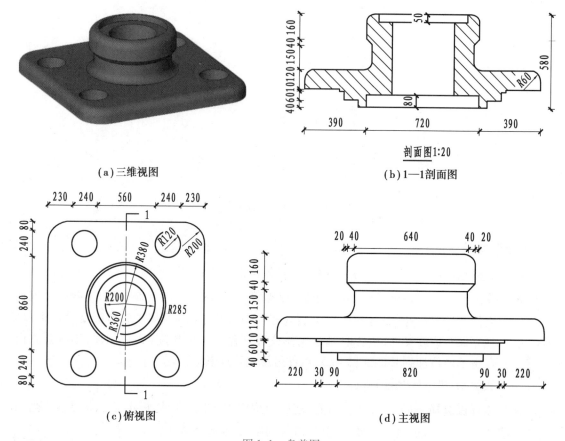

（a）三维视图

剖面图1:20

（b）1—1剖面图

（c）俯视图

（d）主视图

图1.1 盘盖图

1.1.2 A2_ZU_休息亭-25 min

「任务要求」

根据图1.2中给定的尺寸,创建构建集模型,设置屋顶材质为"屋面板-3片灰色沥青",其余材质为"竹木",最终结果以"休息亭"为文件名保存。

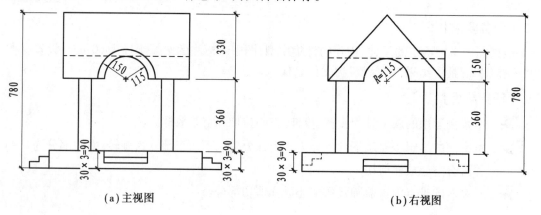

（a）主视图

（b）右视图

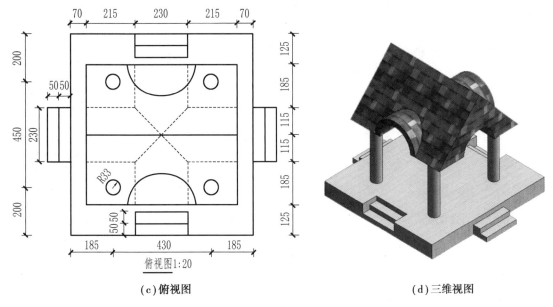

（c）俯视图　　　　　　　　　　**（d）三维视图**

图 1.2　休息亭图

「任务解析」

➤ 本案例运用的族工具非常简单,只有拉伸和空心拉伸两种。

➤ 本案例的绘制步骤可以从下至上进行绘制,注意台阶部分有两边需要使用空心拉伸进行剪切,屋顶部分也需要使用空心拉伸进行剪切。

➤ 本案例需要注意的是,屋顶的方向和台阶的方向对应,此处容易将模型的方向画错。

➤ 本案例的难点为屋顶部分的绘制,需要用到剪切几何图形和连接几何图形工具。

「快捷键」

镜像（MM）: 可以使用现有线或边作为镜像轴,来反转选定图元的位置。

旋转（RO）: 可以绕旋转轴旋转选定图元。

1.1.3　A3_ZU_垃圾桶-20 min

「任务要求」

根据图 1.3 中给定的尺寸,创建构件集模型,设置垃圾桶材质为"塑料-平滑-水绿色",最终结果以"垃圾桶"为文件名保存。

「任务解析」

➤ 本案例运用的族工具为旋转和空心拉伸工具。

➤ 本案例的绘制步骤为先绘制主体,再进行剪切。主体使用旋转工具绘制,垃圾桶壁采用空心拉伸剪切。

➤ 本案例的难点为空心剪切部分,应从正立面图画出一竖排的空心模型,再到平面图中将空心模型阵列 360°。

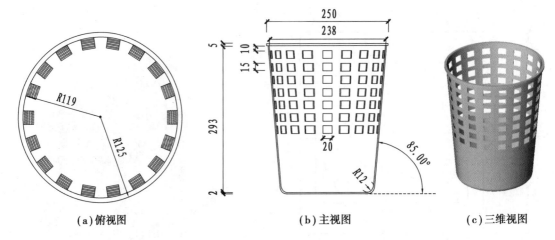

(a) 俯视图　　　　　　　(b) 主视图　　　　　　(c) 三维视图

图 1.3　垃圾桶图

「快捷键」

阵列 (AR): 可以创建选定图元的线性阵列或半径阵列。

对称滑梯

1.1.4　A4_ZU_对称滑梯-40 min

「任务要求」

根据图 1.4 中给定的尺寸,创建构件集模型,设置滑梯材质为"塑料-平滑-浅栗色",最终结果以"对称滑梯"为文件名保存。

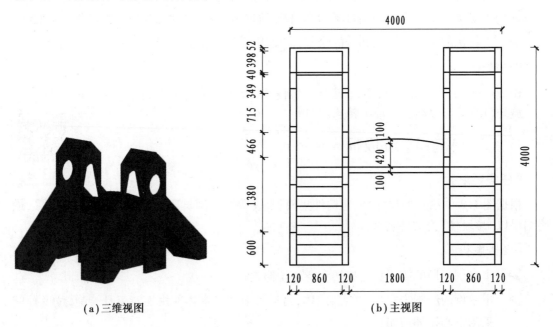

(a) 三维视图　　　　　　　　　　　　　(b) 主视图

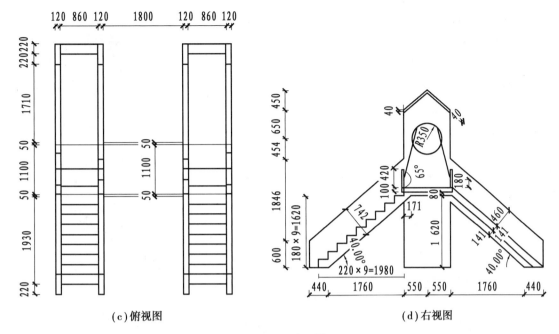

(c)俯视图　　　　　　　　　　　　(d)右视图

图1.4　对称滑梯图

「任务解析」

➤ 本案例运用的族工具只有拉伸工具。

➤ 本案例的绘制步骤为先绘制左边或者右边的台阶和滑梯部分,再绘制台阶两边的挡板和顶部,将一边绘制完成后,使用镜像工具绘制另一边,最后绘制中间的连廊部分。

➤ 本案例的难点为看懂图纸,选择最合适的绘制工具,如果挡板绘制选择先拉伸绘制整体,再空心拉伸剪切的方法,过程就会复杂一些。

1.1.5　A5_ZU_讲台-20 min

讲台

「任务要求」

根据图1.5中给定的尺寸,创建构件集模型,设置讲台材质为"桦木-天然抛光",最终结果以"讲台"为文件名保存。

「任务解析」

➤ 本案例运用的族工具为融合和放样工具。

➤ 本案例的绘制步骤为从下至上绘制,下面和中间部分使用融合工具绘制,储物部分采用空心拉伸进行剪切,上面部分使用放样工具绘制。需要注意的是放样路径为三边。

➤ 本案例的难点为顶部讲台挡板的绘制,放样路径为三边,而不是四边形,注意轮廓绘制时的方向。

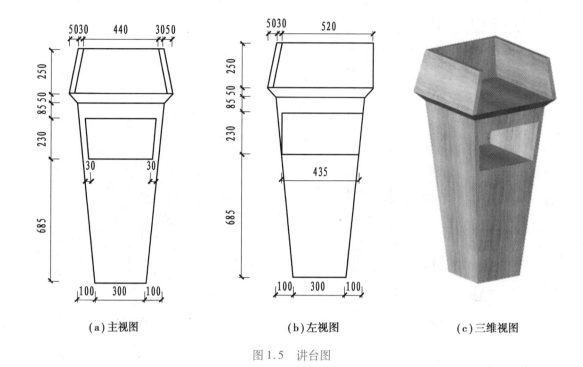

(a) 主视图　　　　　　　(b) 左视图　　　　　　(c) 三维视图

图 1.5　讲台图

1.1.6　A6_ZU_台阶-25 min

「任务要求」

台阶

根据图 1.6 中给定的尺寸,创建构件集模型,设置台阶材质为"混凝土",最终结果以"台阶"为文件名保存。

「任务解析」

➤ 本案例运用的族工具为拉伸和放样工具。

➤ 本案例的绘制思路为先绘制中间圆台的一半,再绘制 15° 的扇形围挡和 60° 的台阶,之后只需采用旋转复制和镜像工具,即可完成整个模型的绘制。

➤ 本案例的难点为放样的绘制,路径为圆弧,轮廓的绘制是易错点。由于轮廓没有在前、后、左、右某个立面,而是与这些立面都有一定的角度,我们看到的长度和实际绘制的长度有差异,只需在绘制时输入对应的长度值即可。

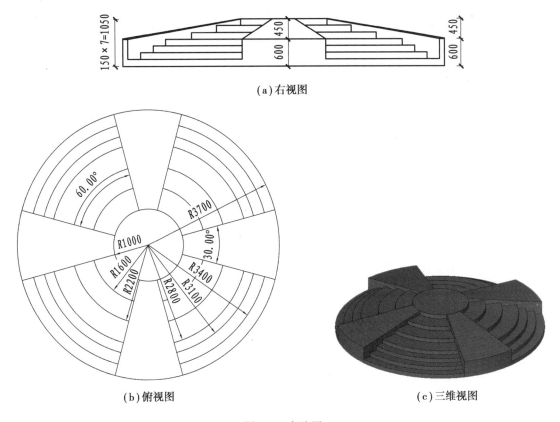

(a) 右视图

(b) 俯视图

(c) 三维视图

图 1.6　台阶图

1.1.7　A7_ZU_台阶栏杆 - 30 min

「任务要求」

根据图 1.7 中给定的尺寸,创建构件集模型,设置台阶材质为"樱桃木",载入附件中的栏杆族,并调整栏杆族位置(图 1.7),最终结果以"台阶栏杆"为文件名保存。

台阶栏杆

「任务解析」

➢　本案例运用的族工具只有拉伸工具。

➢　本案例的绘制思路为先绘制中间的台阶,再绘制其中一边的台阶挡墙,凹进去的部分配合空心拉伸剪切,之后将提供的附件栏杆扶手族载入,放置在图纸中的栏杆位置,最后镜像至另一边即可。

➢　本案例的难点为带圆弧形的拉伸轮廓绘制,注意尺寸准确。

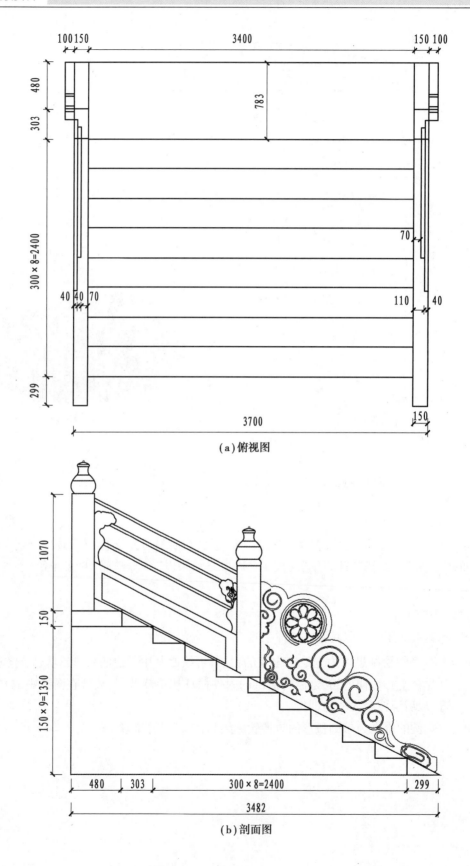

(a)俯视图

(b)剖面图

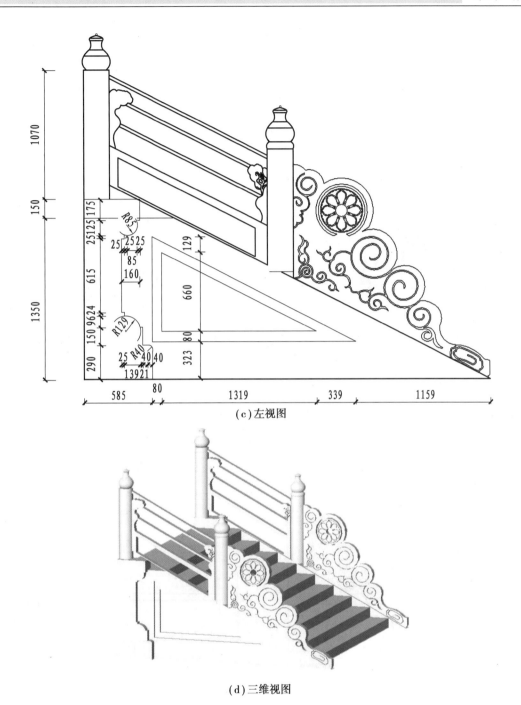

(c) 左视图

(d) 三维视图

图 1.7 台阶栏杆图

1.1.8 A8_ZU_床-45 min

床

「任务要求」

根据图 1.8 中给定的尺寸,创建构件集模型,设置床的两端挡板、下铺床面材质分别为"带纹理-宝蓝色粗面",设置其余材质为"白色橡木-浅色着色抛光"(挡板装饰窗材质为"白色橡木-浅色着色抛光"),最终结果以"床"为文件名保存。

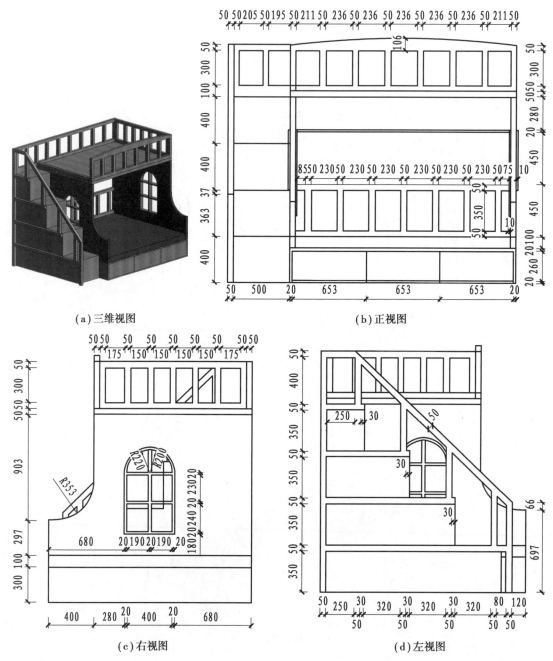

(a) 三维视图 (b) 正视图

(c) 右视图 (d) 左视图

图 1.8　床图

「任务解析」

➤ 本案例运用的族工具只有拉伸工具,虽然工具简单,但是整体较为复杂,注意识图准确。

➤ 本案例的绘制思路为从下至上进行绘制,先绘制主体,再绘制栏杆、台阶等构件。

➤ 本案例的难点为构件较多,容易遗漏,一定要注意检查模型是否绘制完整。

1.1.9 A9_ZU_纪念碑-30 min

纪念碑

「任务要求」

根据图1.9中给定的尺寸,创建构件集模型,设置模型的材质为"混凝土",最终结果以"纪念碑"为文件名保存。

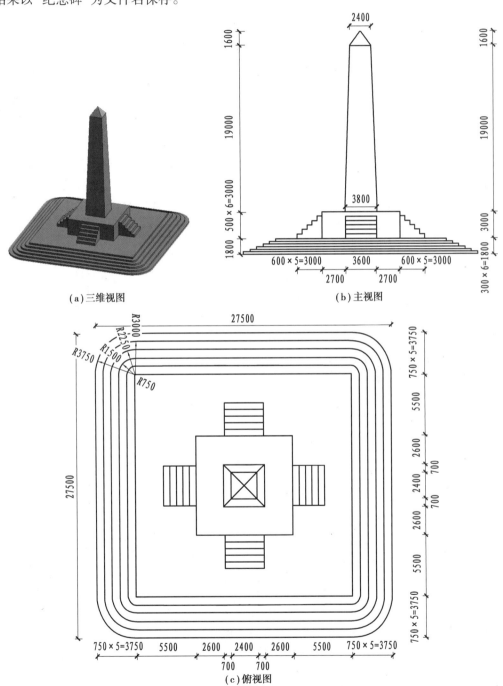

(a)三维视图 (b)主视图

(c)俯视图

图1.9 纪念碑图

「任务解析」

➤ 本案例运用的族工具为拉伸、融合和放样工具。

➤ 本案例的绘制思路为从下至上依次绘制,0～4800 mm 高度都使用拉伸工具绘制,碑体使用融合工具绘制,顶部使用放样工具绘制。

➤ 本案例的难点为顶部四棱锥的绘制,对工具不熟悉的读者,在选择工具上会存在困难,此路径为四边形,即融合的顶面边,轮廓为直角三角形。

「提升效率」

注意:对称部分配合使用镜像和旋转复制工具,可以大大提高建模效率。

柱装饰条

1.1.10   A10_ZU_柱装饰条-15 min

「任务要求」

根据图 1.10 中给定的尺寸,创建内建构件集模型,设置模型的材质为"墙漆-钢蓝色",最终结果以"柱装饰条"为文件名保存。

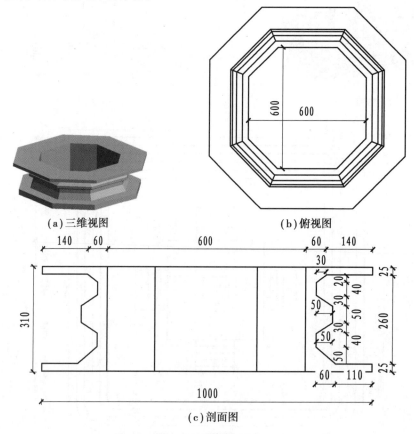

(a)三维视图   (b)俯视图

(c)剖面图

图 1.10   柱装饰条图

「任务解析」

➤ 本案例运用的族工具为放样工具。

➤ 本案例的绘制思路为通过平面图绘制平面路径,通过剖面图绘制放样轮廓。

➤ 本案例的一个难点是很多读者都会选择旋转工具,在工具选择上会陷入困境;另一个难点是绘制路径时选择内接多边形还是外接多边形,本案例中应选择外接多边形进行绘制。

1.1.11　A11_ZU_装饰柱-30 min

「任务要求」

根据图1.11中给定的尺寸,创建构件集模型,设置模型顶部和底部的材质为"混凝土",其余部分材质为"软木瓷砖",最终结果以"装饰柱"为文件名保存。

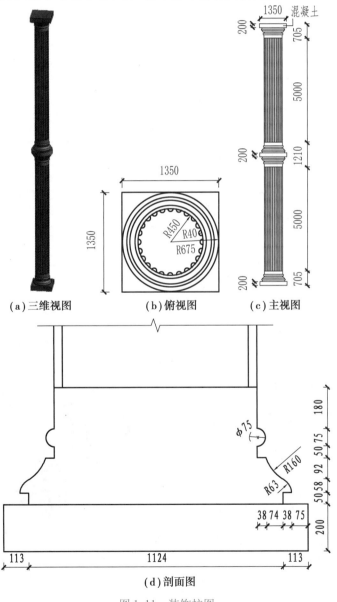

(a)三维视图　　(b)俯视图　　(c)主视图

(d)剖面图

图1.11　装饰柱图

「任务解析」

➤ 本案例运用的族工具为拉伸和旋转工具。

➤ 本案例的绘制思路为从下至上依次绘制,底部使用拉伸工具绘制,接着使用旋转工具绘制,中间柱子部分采用拉伸圆柱体,然后用空心拉伸剪切,需要用到阵列工具,或者直接绘制出剪切的弧形轮廓拉伸。两种方式均可,其余部分采用镜像工具即可。

➤ 本案例的难点为柱子部分的空心剪切,以及装饰部分的旋转轮廓的绘制。

1.1.12 A12_ZU_连接件-30 min

「任务要求」

根据图 1.12 中给定的尺寸,创建构件集模型,设置模型的材质为"竹木",最终结果以"连接件"为文件名保存。

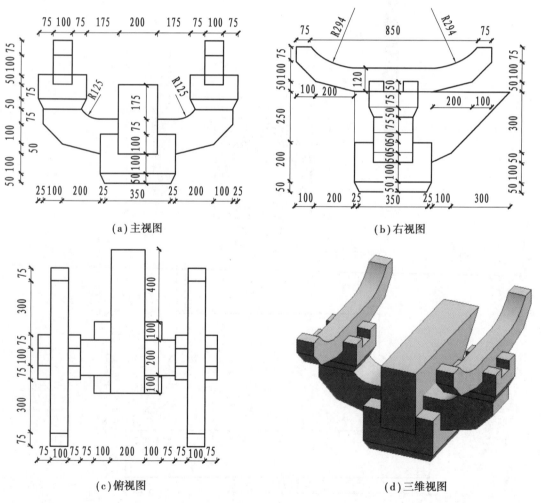

(a)主视图   (b)右视图

(c)俯视图   (d)三维视图

图 1.12　连接件图

「任务解析」

➤ 本案例运用的族工具为拉伸和融合工具。

➤ 本案例的绘制思路是分成 4 个部分进行绘制。底部使用融合和拉伸工具绘制,中间部分使用拉伸工具绘制,两边和底部一样,只是尺寸整体缩小了,所以绘制出底部,上部就简单了。

➤ 本案例的难点为对图的理解,不易分析出图纸表达的模型。

1.1.13　A13_ZU_榫卯结构-15 min

榫卯结构

「任务要求」

根据图 1.13 中给定的尺寸,创建构件集模型,设置模型的材质为"柚木",最终结果以"榫卯结构"为文件名保存。

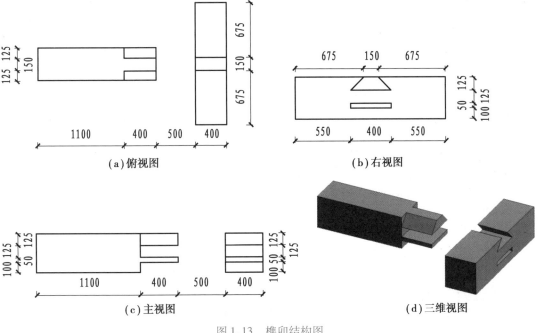

图 1.13　榫卯结构图

「任务解析」

➤ 本案例运用的族工具只有拉伸(空心拉伸)工具。

➤ 本案例的绘制思路为先画右边部分,根据右边的空心形状来画左边的凸出部分。如果看图能力较强,先画左边也不难。

➤ 本案例的难点为对左边部分形状的理解。

1.1.14　A14_ZU_椅子-30 min

椅子

「任务要求」

根据图 1.14 中给定的尺寸,创建内建构件集模型,设置椅子坐垫为"牛仔布-蓝色",其余材质为"松树",最终结果以"椅子"为文件名保存。图1.14(a)中未标注扶手圆角弧为30°,木质坐垫为20°,皮质坐垫为15°。

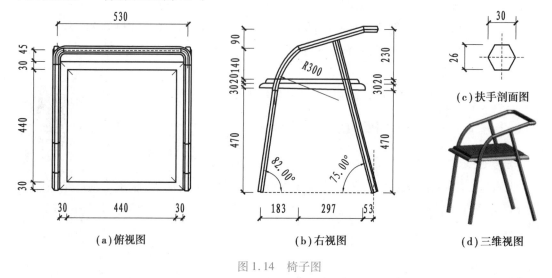

图 1.14　椅子图

「任务解析」

➤ 本案例运用的族工具为放样和拉伸工具。

➤ 本案例的绘制思路为先绘制椅子坐垫,再绘制扶手(反过来也可)。坐垫使用拉伸工具绘制,然后空心放样剪切,扶手使用放样工具绘制。

➤ 本案例的难点为扶手的绘制。弧形扶手连接靠背部分要分成3个部分绘制,左右两边为对称扶手,后面为靠背,画完后使用连接工具,不能一次画完。

1.1.15　A15_ZU_茶几-30 min

「任务要求」

根据图1.15中给定的尺寸,创建构件集模型,设置茶几的桌面,抽屉的前、后面材质为"陶瓷-藏青蓝色",桌腿的材质为"金属-喷粉-白色",其余材质为"陶瓷-冰白色"。最终结果以"茶几"为文件名保存。

「任务解析」

➤ 本案例运用的族工具为融合和拉伸工具。

➤ 本案例的绘制思路为先绘制茶几的主体部分(如茶几上下面),然后绘制中间的抽屉、旁边的挡板,最后绘制4个脚。

➤ 本案例的难点为抽屉的绘制。注意抽屉不是一个整体,需要分开设置材质。

「本节实训总结」

➤ 族工具使用口诀:

拉伸:一个封闭且不相交的轮廓沿着一个垂直方向生成模型(简称"一个轮廓")。

融合:沿着两个不在同一平面,平行且封闭的轮廓生成模型(简称"两个轮廓")。

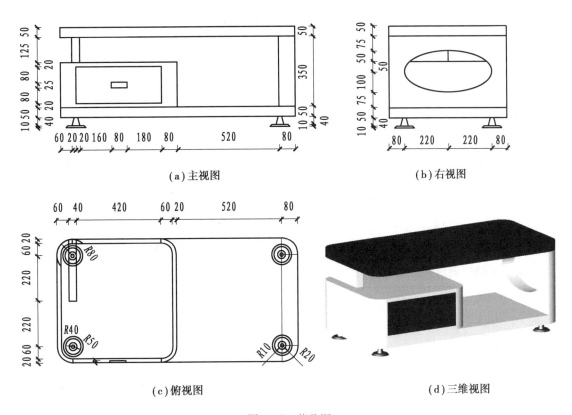

（a）主视图　　　　　　　　　　　（b）右视图

（c）俯视图　　　　　　　　　　　（d）三维视图

图 1.15　茶几图

　　旋转：一个封闭且不相交的轮廓绕一条旋转轴生成模型（简称"一个轮廓，一条轴"）。

　　放样：一个封闭且不相交的轮廓沿着一条垂直方向的曲线路径生成模型（简称"一个轮廓，一条路径"）。

　　放样融合：放样和融合的组合，两个在一条曲线路径两端的封闭且不相交的轮廓，沿着曲线生成模型（简称"两个轮廓，一条路径"）。

　　➤　族创建流程

1.2 中级案例

「本节实训要点」

➤ **参照平面和参照线：**

参照平面：可以作为辅助线、工作平面和长度参数驱动。

参照线：一般只用于角度驱动。

➤ **模型线和符号线：**两者可以相互转换，模型线转符号线时，仅在当前视图中生效。

模型线：无论在哪个工作平面上绘制，其他视图均可见，包括三维视图。

符号线：只能在平面、立面等二维视图中绘制，绘制的线仅在当前视图中可见，而在三维视图中则不能绘制。

➤ **族编辑器常用公式：**

说　明	符　号	例　子	例子的返回值
加	+	3 mm+4 mm	7 mm
减	−	5 mm−2 mm	3 mm
乘	*	3 mm * 2 mm	6 mm^2
除	/	6 mm/2 mm	3
指数	^	2 mm^3	8 mm^2
对数	log	log(10)	1
平方根	sqrt	sqrt(100)	10
正弦	sin	sin(90)	1
余弦	cos	cos(90)	0
正切	tan	tan(45)	1
反正弦	arcsin	arcsin(1)	90°
反余弦	arccos	arccos(0)	90°
反正切	arctan	arctan(1)	45°
10 的 x 方	exp	exp(2)	100
绝对值	abs	abs(−10)	10
四舍五入	round	round(4.1)	4
取上限	roundup	roundup(4.1)	5
取下限	rounddown	rounddown(4.9)	4

➤ **族编辑器常用条件语句:**

说 明	符 号	例 子	例子的返回值
大于	>	$x>y$	如果 $x>y$,返回真,否则为假
小于	<	$x<y$	如果 $x<y$,返回真,否则为假
等于	=	$x=y$	如果 $x=y$,返回真,否则为假
逻辑与	and	$and(x=1,y=2)$	当 $x=1$,并且 $y=2$ 时,返回真,否则为假
逻辑或	or	$or(x=1,y=2)$	当 $x=1$,或者 $y=2$ 时,返回真,只有当 $x\neq1$,并且 $y\neq2$ 时,才返回假
逻辑非	not	$not(x=1)$	当 $x\neq1$ 时,返回真;当 $x=1$ 时,返回假
条件语句	If(条件1,返回1,返回2)	$if(x=1,1\ mm,2\ mm)$	当 $x=1$ 时,返回 1 mm;否则,返回 2 mm

例:

➤ 简单的 if 语句: =if(长度<300 mm,200 mm,300 mm)。

如果参数长度的值小于 300 mm,那么结果为 200 mm,否则为 300 mm。

➤ 带有逻辑 and 的 if 语句: =if(and(参数 1=1,参数 2=2),8,3)。

如果参数 1=1,并且参数 2=2,那么结果为 8,否则为 3。

➤ 嵌套的 if 语句: =if(长度<350 mm,260 mm,if(长度<450 mm,300 mm,if(长度<550 mm,500 mm,800 mm)))。

如果参数长度的值小于 350 mm,那么结果为 260 mm;否则,判断其是否小于 450 mm,若成立,则结果为 300 mm;否则判断其结果是否小于 550 mm,若成立,则结果为 500 mm;否则,结果为 800 mm。

案例:

	族类型		✕

类型名称(Y):			

搜索参数 🔍

参数	值	公式	锁定
尺寸标注			⌃
a	400.0	=if(b > 500 mm, 500 mm, 400 mm)	☐
b	400.0	=	☐
c	400.0	=	☐
h	2400.0	=if(and(a = b, b = c), 2 * (a + b + c), a + b + c)	☐
其他			⌃
每立方单价	130.000000	=	
总价	49.920000	=每立方单价 * a * b * h / 1 m³	
标识数据			⌄

「本节实训目标」

➤ 掌握参数化族的设计流程。

➤ 掌握参数化族的参数公式和逻辑条件的运用。

➤ 通过练习,能够将常规族构件设计成灵活多变的族,重复利用,提高效率。

1.2.1 B1_ZU_AR_双层床带书架-60 min

双层床带书架

「任务要求」

根据图1.16中给定的尺寸,创建参数化构件集模型。将床宽、床高以及上铺高度设置成参数,可通过参数修改实现模型修改,爬梯扶手截面为20 mm×24 mm,未标明的尺寸可自行设定,设置爬梯的材质为"钢材",其余材质为"胡桃木",最终结果以"双层床带书架"为文件名保存。

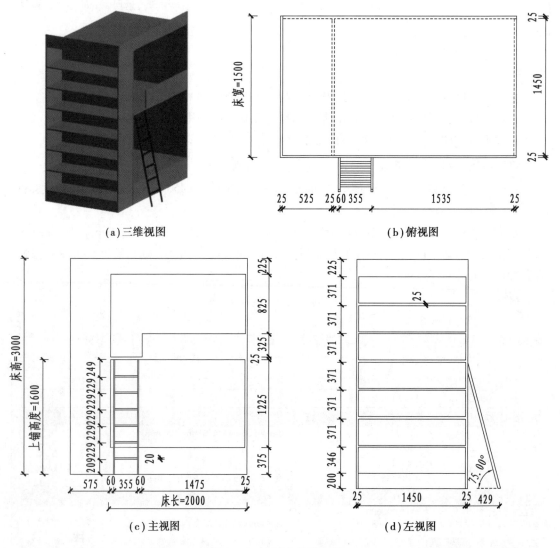

(a)三维视图 　　　　(b)俯视图

(c)主视图 　　　　(d)左视图

图1.16 双层床带书架图

「任务解析」

➤ 本案例需要注意的是,书架部分每一层的高度是相等的,爬梯每一步的高度也是相等的,这里需要用到EQ(均分)这个约束条件。

➤ 本案例的绘制思路为先绘制床体部分,再绘制书架和爬梯,可以边绘制边做参照平面,边进行参数设置。在绘制前需要有整体族规划,灵活运用1.1.15节中总结的族创建流程。

➤ 本案例的难点为书架和爬梯部分的参数设置。

组合书桌

1.2.2 B2_ZU_AR_组合书桌-50 min

「任务要求」

根据图1.17中给定的尺寸,创建参数化构件集模型。将桌面高度、抽屉宽度设置成参数,设置桌面高度为抽屉高度的3倍,可通过参数修改实现模型修改,未标明的尺寸可自行设定,设置桌子的材质为"松树",最终结果以"组合书桌"为文件名保存。

「任务解析」

➤ 本案例需要注意的是抽屉高度的参数,需要通过一个公式来完成,可以用"桌面高度/3",在图1.17中,已给出了这个参数(需要特别注意的是,公式中用到的符号要在英文状态下输入)。

➤ 本案例的绘制思路为先绘制桌面及桌面以下的挡板,再绘制抽屉或者书架均可。

➤ 本案例的难点为抽屉参数的设置。

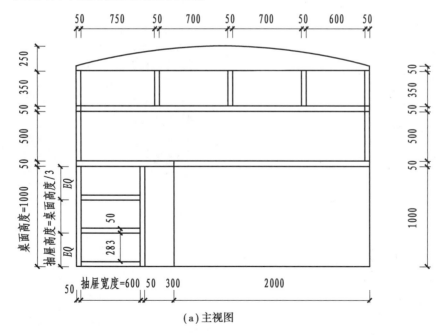

(a)主视图

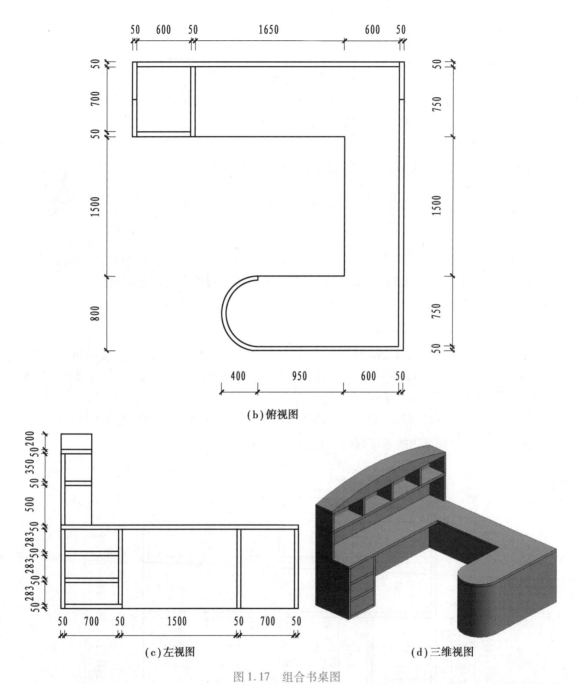

图 1.17　组合书桌图

1.2.3　B3_ZU_AR_上下铺-40 min

上下铺

「任务要求」

　　根据图 1.18 中给定的尺寸,创建参数化构件集模型。将爬梯宽度、上铺宽度设置成参数,可通过参数修改实现模型修改,未标明的尺寸可自行设定,设置床的材质为"亚麻布-白色",最终结果以"上下铺"为文件名保存。

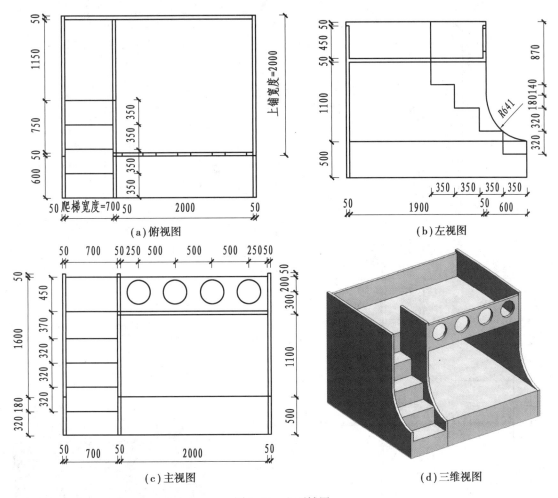

图 1.18 上下铺图

「任务解析」

➤ 本案例在绘制和参数设置上都相对简单,只是需要注意床两端弧形轮廓的绘制,以及上铺挡板的高度差即可。

➤ 本案例的绘制思路为先绘制右边床体部分,床体部分可从下至上绘制,再绘制爬梯。

➤ 本案例的难点为爬梯和床之间的位置关系,上铺挡板的位置和高度差,需要仔细看图。

1.2.4 B4_ZU_AR_组合工位-50 min

组合工位

「任务要求」

根据图 1.19 中给定的尺寸,创建参数化构件集模型。将桌面宽、挡板厚、挡板长、桌面高、挡板高设置成参数,可通过参数修改实现模型修改,未标明的尺寸可自行设定,设置桌子的材质为"木材",挡板的材质为"玻璃",最终结果以"组合工位"为文件名保存。

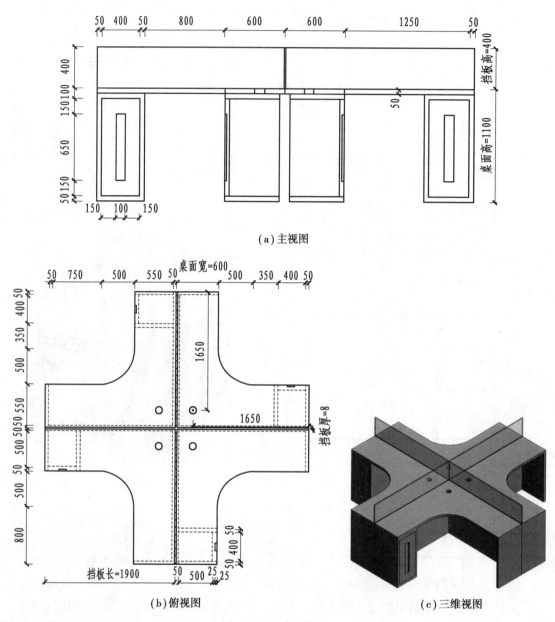

(a)主视图

(b)俯视图

(c)三维视图

图1.19　组合工位图

「任务解析」

➤ 本案例整体比较复杂,涉及嵌套族。需要注意的是,嵌套族的使用和嵌套族参数的设置方法。

➤ 本案例的绘制思路为将单个桌子作为一个族,设置相应的参数,然后新建一个族,将单个桌子载入,按照图示位置放置,并创建挡板。在嵌套族中新建参数,进行参数关联。

➤ 本案例的难点为嵌套族的应用和参数设置。

1.2.5　B5_ZU_AR_露台-50 min

「任务要求」

根据图 1.20 中给定的尺寸,创建参数化构件集模型。将阳台的长和宽设置成参数,并设置栏杆柱子的间距为 400 mm,不足 400 mm 的取整数,柱子距离两端尺寸如图 1.20 中所示。柱子个数根据阳台的长和宽变化而相应变化。可通过参数修改实现模型修改,未标明的尺寸可自行设定,设置阳台板的材质为"混凝土",其余部分材质为"陶瓷-白色",最终结果以"阳台"为文件名保存。

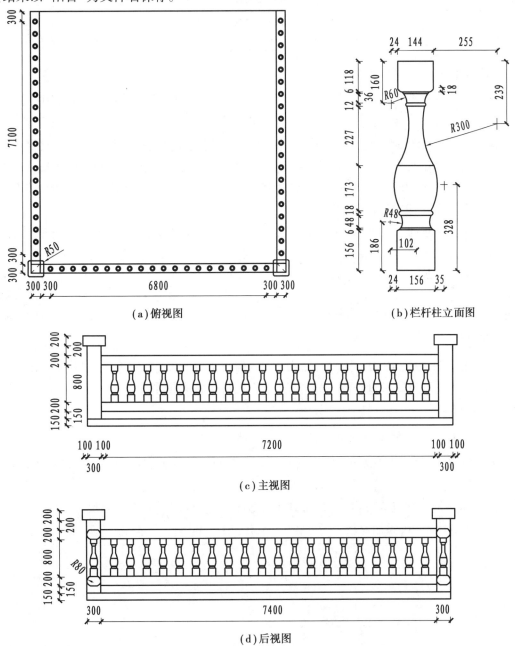

（a）俯视图　　（b）栏杆柱立面图

（c）主视图

（d）后视图

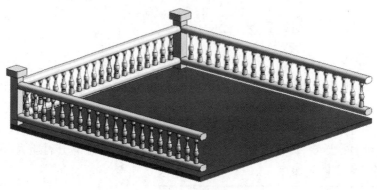

(e)三维视图

图1.20 露台图

「任务解析」

➤ 本案例需要注意的是,装饰柱需要单独做族,作为被嵌套的族载入露台族中,在阵列时两端注意锁定,修改参数时模型才能正确驱动。

➤ 本案例的绘制思路为先单独绘制装饰柱,再新建族绘制板、栏杆,将装饰柱载入,放置在合适位置,进行阵列,为阵列设置参数,注意左右两边可不用复制和镜像工具,镜像的模型两端没有锁定,可重复操作一次阵列。另外,也可尝试使用镜像工具,镜像后要对两端进行锁定操作。

➤ 本案例的难点为阵列参数设置以及参数公式的应用,如"设置栏杆柱子的间距为400 mm,不足400 mm的取整数",需要用到round函数,为"=round(阳台长/400 mm)"或"=round(阳台宽/400 mm)"。

1.2.6 B6_ZU_STR_挡土墙-20 min

「任务要求」

根据图1.21中给定的尺寸,建立混凝土挡土墙参数化样板,材质设为"混凝土",其中,参数L,a,b可由用户自定义,最终结果以"挡土墙"为文件名保存。

「任务解析」

➤ 本案例比较简单,运用的族工具只有拉伸工具。

➤ 本案例的绘制直接切换到对应视图,创建拉伸构件,并对题目中的相关尺寸进行参数设置。

➤ 本案例的难点为参数设置,若修改参数出现问题,则需检查相邻尺寸标注产生的影响,排除后再添加参数。

挡土墙

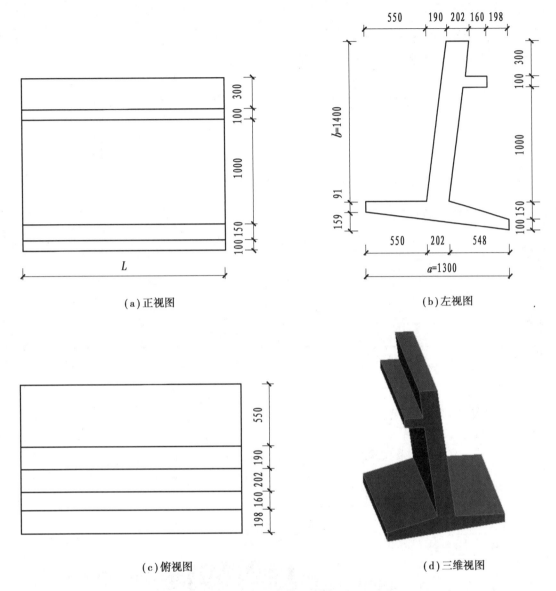

(a) 正视图　　　　　　　　　　　　　(b) 左视图

(c) 俯视图　　　　　　　　　　　　　(d) 三维视图

图 1.21 挡土墙图

1.2.7 B7_ZU_STR_箱型梁−30 min

箱型梁

「任务要求」

根据图 1.22 中混凝土梁正视图与侧视图,建立混凝土梁构件参数化模板,混凝土强度取 C35,材质设为"混凝土",其中,参数 L, W, H 可由用户自定义,最终结果以"箱型梁"为文件名保存。

「任务解析」

➢ 本案例运用的族工具为拉伸工具。

➢ 本案例的绘制步骤为创建拉伸,在创建过程中仔细计算未给出的尺寸,添加相应参数。

➤ 本案例的难点为参数控制,若修改参数出现问题,则需检查相邻尺寸标注产生的影响,排除后再添加参数。

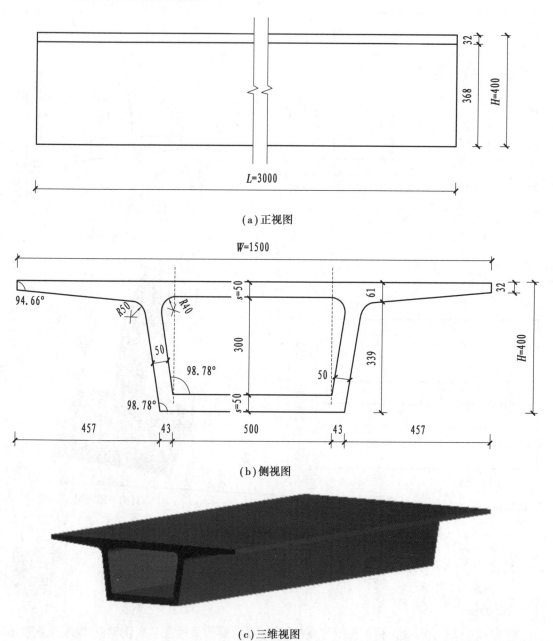

(a)正视图

(b)侧视图

(c)三维视图

图 1.22　箱形梁图

「快捷键」

阵列(AR):可创建选定图元的线性阵列或半径阵列。

1.2.8　B8_ZU_STR_墩台-30 min

「任务要求」

根据图1.23中给定的尺寸,建立墩台参数化模板,混凝土强度取C35,材质设为"混凝土",其中参数 L,B,l,b,h_1,h_2,R 可由用户自定义,最终结果以"墩台"为文件名保存。

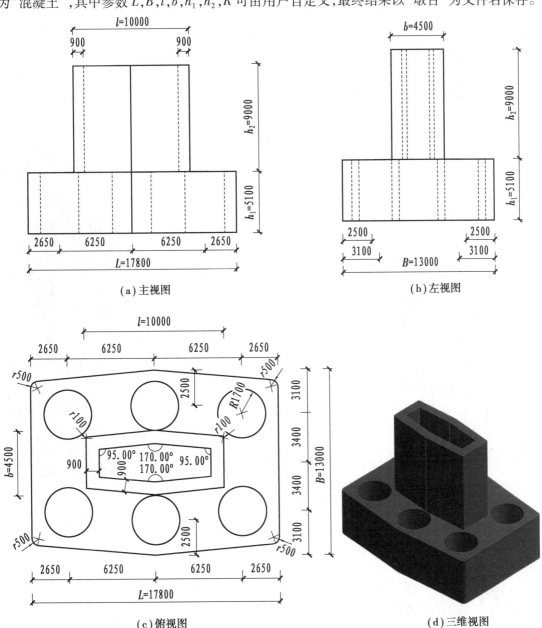

图1.23　墩台图

「任务解析」

➤　本案例运用的族工具为拉伸工具。

➤ 本案例的绘制步骤为从下往上绘制,绘制墩台下部,设置尺寸参数;绘制墩台上部,设置尺寸参数;在绘制前或绘制过程中,巧用参照平面定位。

➤ 本案例的难点为参数设置,每个参数的变动都有可能影响其他参数或者固定尺寸变化,每设置一个参数应及时调试,调试无问题后再进行下一个参数的设置。

1.2.9 B9_ZU_STR_异形柱-30 min

「任务要求」

根据图1.24中异形柱截面平法标注图,建立异形柱参数化模型并进行配筋,混凝土强度取C35,材质设为"混凝土",其中参数 $a_1, a_2, a_3, b_1, b_2, b_3, H$ 可由用户自定义,最终结果以"异形柱"为文件名保存。

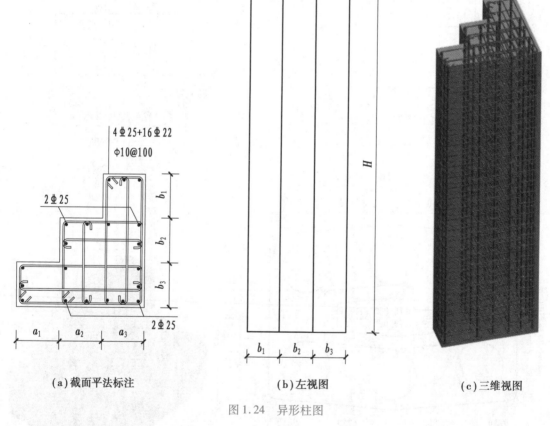

（a）截面平法标注　　　（b）左视图　　　（c）三维视图

图1.24　异形柱图

「任务解析」

➤ 本案例运用的族工具为拉伸工具。

➤ 本案例的绘制步骤为先绘制柱构件,再建立钢筋模型。

➤ 本案例的难点为:一是钢筋绘制,需要切换到平面才能绘制;二是实现钢筋的数量随着柱子高度的变化而变化,主要体现在箍筋的设置上,将箍筋的布局规则设置为最小间距或者最大间距。

1.2.10 B10_ZU_STR_独立基础-25 min

独立基础

「任务要求」

根据图1.25中给定的尺寸,建立独立基础参数化模板,混凝土强度取C30,材质设为"混凝土",其中参数长度、宽度、二承台缩进、三承台缩进、h_1、h_2、h_3可由用户自定义,最终结果以"独立基础"为文件名保存。

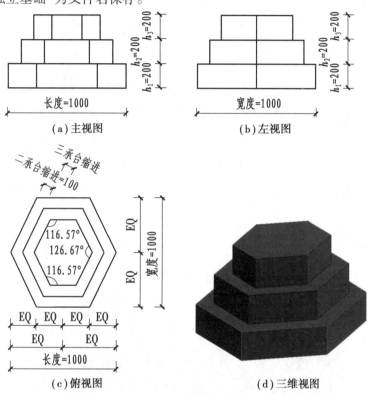

图1.25 独立基础图

「任务解析」

➢ 本案例运用的族工具为拉伸工具。

➢ 本案例的绘制步骤为从下往上绘制,先绘制一承台,巧用参照平面定位,设置参数,以此类推,绘制二、三承台。

➢ 本案例的难点为3个承台间的参数层层关联,绘制过程中应不断调试直至参数正常。

1.2.11 B11_ZU_MEP_卧室空调机组-30 min

「任务要求」

根据图1.26中给定的尺寸,建立卧室空调机组,要求添加风管连接件,风管连接件尺寸与风口尺寸相对应,并将参数表中信息添加到模型中,图中标示不全的地方用户自定义,最终结果以"卧室空调机组"为文件名保存。

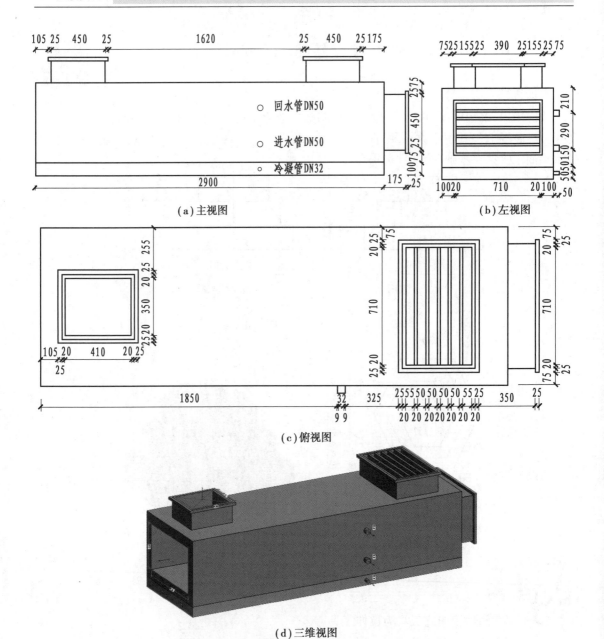

（a）主视图 （b）左视图

（c）俯视图

（d）三维视图

卧室空调机组参数信息表

参　数	数　值	单　位
风量	380.00	m³/h
空气阻力	56	Pa
水流阻力	2200	Pa
最小机外全压	200	Pa
最小机外全压	800	Pa

图 1.26　卧室空调机组图

「任务解析」

➤ 本案例运用的族工具为拉伸工具。

➤ 本案例绘制步骤为从下往上绘制,先绘制中间风管连接体,再绘制上面和左侧的风口,注意细部尺寸。

➤ 本案例的难点为百叶风口的绘制,绘制时需要仔细参照尺寸并添加参数化连接件。

1.2.12　B12_ZU_MEP_低噪声柜式离心风机-25 min

「任务要求」

根据图 1.27 中给定的尺寸,建立低噪声柜式离心风机,要求添加风管和线管连接件,风管和线管连接件尺寸与模型尺寸相对应,并将参数表中信息添加到模型中,图中未标出的尺寸用户自定义,最终结果以"低噪声柜式离心风机"为文件名保存。

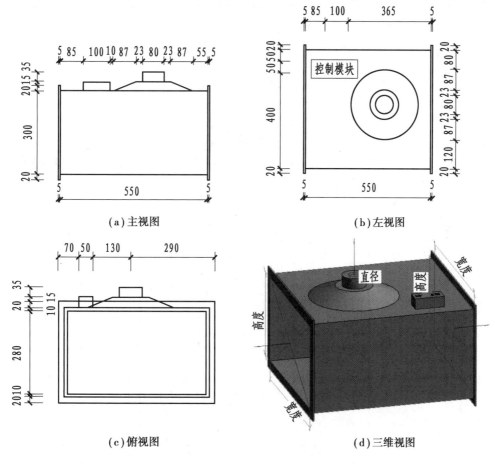

图 1.27　低噪声柜式离心风机图

低噪声柜式离心风机参数信息表

参　　数	数　　值	单　　位
负荷分类	HCAV	—
电压	380.00	V
功率	90	W
视在负荷	112.5	V·A
风量	800	m^3/h

「任务解析」

➤ 本案例运用的族工具为拉伸和放样融合工具。

➤ 本案例的绘制步骤为从下往上绘制,先绘制下面风管连接体,巧用参照平面定位,设置参数,再绘制上面放样融合构件。

➤ 本案例的难点为上面放样融合构件,需找准定位区分上下轮廓进行放样。

1.2.13　B13_ZU_MEP_全热交换器-20 min

「任务要求」

根据图 1.28 中给定的尺寸,建立全热交换器,要求添加风管连接件,风管连接件尺寸与风口尺寸相对应,并将参数表中的信息添加到模型中,图中标示不全的地方用户自定义,最终结果以"全热交换器"为文件名保存。

全热交换器参数信息表

参　　数	数　　值	单　　位
负荷分类	电力	—
级数	1	—
功率系数	0.8	—
电流	2.1	A
电压	220	V
功率	452	W
风量	800	m^3/h
机外高速余压	115	Pa
机外低速余压	75	Pa
机外中速余压	97	Pa
高速新风量	800	m^3/h
低速新风量	400	m^3/h
中速新风量	600	m^3/h

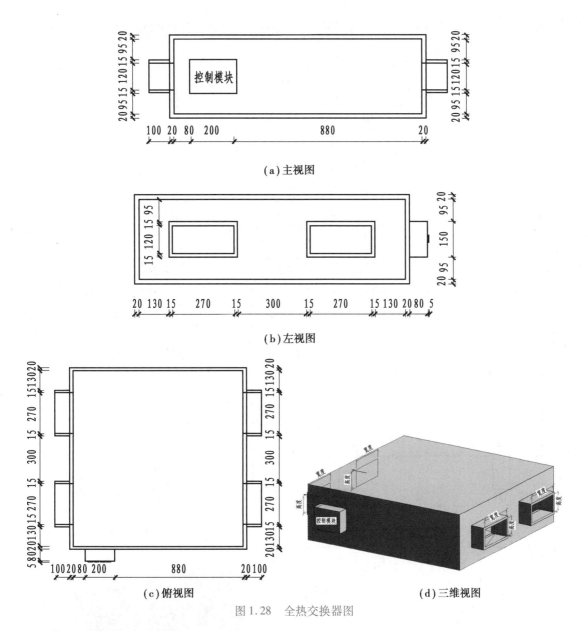

(a)主视图

(b)左视图

(c)俯视图

(d)三维视图

图 1.28 全热交换器图

「任务解析」

➤ 本案例运用的族工具为拉伸工具。

➤ 本案例绘制步骤为从中间往两边绘制,先绘制中间主体,然后用空心拉伸剪切,利用参照平面设置参数。

➤ 本案例的难点为空心剪切,绘制时应仔细参照标注尺寸,确保位置正确。

1.2.14 B14_ZU_MEP_热水锅炉-30 min

「任务要求」

根据图 1.29 中给定的尺寸,建立热水锅炉,要求添加水管连接件,管道连接件与水管直径相对应,并将参数表中的信息添加到模型中,图中未给出的尺寸用户自定义,最终结果以"热水锅炉"为文件名保存。

热水锅炉参数信息表

参　数	数　值	单　位
出水温度	60	℃
进水温度	0	℃
燃气压损	6897	Pa
循环水量	27	L/s
天然气消耗量	81.5	L/s

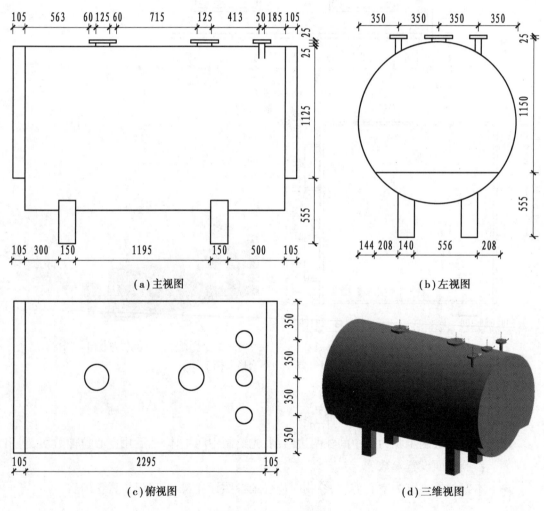

图 1.29　热水锅炉图

「任务解析」

➤ 本案例运用的族工具为拉伸工具。

➤ 本案例的绘制步骤为从下往上绘制,先绘制水罐,巧用参照平面定位,设置参数,以此类推,绘制管道。

➤ 本案例的难点为管道,绘制过程中应注意标注的点位,以免发生错位。

1.2.15 B15_ZU_MEP_稳压设备控制柜–35 min

「任务要求」

根据图1.30中给定的尺寸,建立稳压设备控制柜,要求添加线管连接件,并将参数表中的信息添加到模型中,图中未给出的尺寸由用户自定义,最终结果以"稳压设备控制柜"为文件名保存。

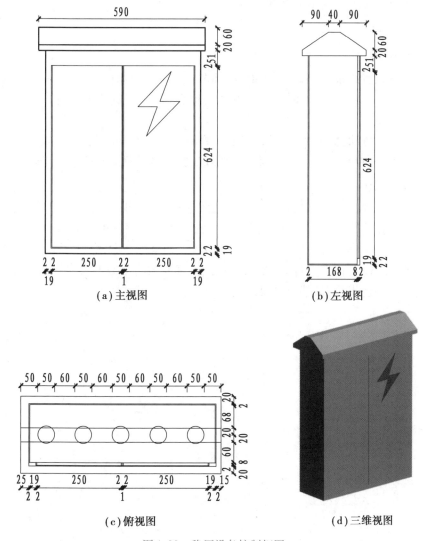

图1.30　稳压设备控制柜图

稳压设备控制柜参数信息表

参　数	数　值	单　位
功率	80	W
电压	220	V
额定电压	400	V
防护等级	IP40	—

「任务解析」

➤ 本案例运用的族工具为拉伸工具。

➤ 本案例的绘制步骤为从下往上绘制,先绘制箱体,巧用参照平面定位,设置参数,再绘制箱顶。

➤ 本案例的难点为箱门的细部结构。

「本节实训总结」

➤ 设计族参数化易错点总结:

对草图过度约束:两个参照平面,添加两个及以上参数进行约束。

不满足约束:尺寸标注时拾取到的线为模型边线,不是参照平面。尺寸标注应标注在参照平面上。

无效参数驱动:模型的边线没有锁定参照平面,在驱动时驱动了参照平面,而没有驱动模型。应将模型边线与参照平面锁定,通过参数驱动参照平面来驱动模型。

➤ 设计参数化族需要特别注意:

在建模过程中,一定要边设计参数、边建模、边测试,即做好一部分就测试一部分,发现有参数报错的情况,及时找出错误位置,修改到没有报错后再进行下一步。切记不要将整个模型做完后,才去测试族参数。如果模型做完后才测试,一旦报错,查找错误位置需要耗费大量的时间和精力,很多参数之间是相互关联的,往往一个错误会导致一连串错误,甚至需要返工。

第2章 体 量

「本章实训要点」

➤ **基本概念**：体量用在项目前期概念设计阶段，为建筑师提供灵活、简单、快速的概念设计模型，可帮助建筑师推敲建筑形态，还可统计概念体量模型的建筑楼层面积、占地面积、外表面积等设计数据。建筑师可根据概念体量模型表面创建建筑模型中的墙、楼板、屋顶等图元对象，完成从概念设计阶段到方案、施工图设计的转换。

➤ **体量分类**：内建体量、概念体量。

➤ **体量的绘制方式**：是指通过放置线和点创建形状。

➤ **体量的点**：

自由点：放置在工作平面上的参照点，选中后会显示三维控件，可移动到三维空间内的任何位置，并始终保持对其所属平面的参照关系，并且它有3个参照平面，有独立的坐标系。

基于主体的点：放置在现有样条曲线、线、边或者表面上的参照点，它比驱动点小，每一个点提供自己的工作平面，用以添加垂直在其主体的几何图形；基于主体的点随主体的变更而移动，并且可以沿主体图元移动，每个基于主体的点，都可调整属性面板中的规格化曲线参数，精确设置该点位于曲线长度的百分比，用于精确定位。

驱动点：当使用自由点生成线、曲线或者样条曲线时，通常会自动创建驱动点，或者用线工具直接画，将三维捕捉打开后，也会自动创建驱动点。

➤ **体量的线**：

模型线：用于创建形状轮廓，灰色显示。用线创建轮廓时，如果在三维视图中操作，须先指定工作平面；另外，如果在选项栏中将三维捕捉打开，则创建的线会附带两个驱动点，并且长度的临时尺寸标注功能会取消；用模型线生成形体时，模型线消失。

参照线：参照线类似模型线，两者之间可相互转换，但参照线有4个参照平面，并且用参照线轮廓生成形体时，参照线仍然存在，可以继续用它生成轮廓；另外需注意，在用轮廓生成形体时，如果是模型线，那么锁定轮廓是会出问题的，需将其转化为参照线再锁定轮廓；参照线同常规族一样，可分为强参照、弱参照、非参照，载入项目中时捕捉等级不一样。

由点创建的线：在空间中任意放置两个或者两个以上的自由点，然后用通过点的样条曲线即可生成，当然，如选择不在同一直线上的点，则会生成弧线，也就是样条曲线。

嵌套族线：在子族中画线，作为嵌套族用。

➤ **体量的面**：

参照平面：用法及功能类似常规族的参照平面，辅助线、工作平面、定义原点、定位线同样有等级之分，根据等级不同，在项目中捕捉的强度是不一样的，并且只有命名的参照平面才会出现在"放置平面"列表中。

标高:由于体量比较灵活、自由,也比较随意,作为概念设计时用得比较多,所以一般是在三维视图中进行操作,而不像常规族那样,各个视图切换着用;所以在三维视图中有标高显示,标高其实也是作为一个工作平面出现的,手动创建标高或者复制标高。

点面、线面:自由点(自适应点)有3个参照平面,基于主体的点以及驱动点有一个工作平面,参照线有4个参照平面。

形体面:用轮廓创建完形体时,都会生成面,这些面同样可作为工作平面。

2.1 初级案例

「本节实训目标」

➤ 掌握体量的基本概念。

➤ 掌握体量模型的创建方法。

➤ 理解体量在项目中的应用价值和应用方式。

2.1.1 A1_TL_拱桥-30 min

拱桥

「任务要求」

根据图 2.1 中给定的尺寸,创建体量模型。拱桥圆弧形扶手截面为半径 50 mm 的圆,设置拱桥材质为"混凝土",栏杆扶手材质为"钢材"。最终结果以"拱桥"为文件名保存。

「任务解析」

➤ 本案例的绘制思路为先绘制拱桥中间桥体部分,再绘制两边的路沿部分,最后绘制栏杆部分,栏杆部分先绘制栏杆柱,再绘制弧形扶手。

➤ 本案例的难点为栏杆扶手的绘制,涉及放样工具,可以配合镜像和复制工具进行绘制。

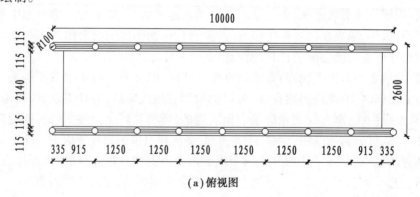

(a)俯视图

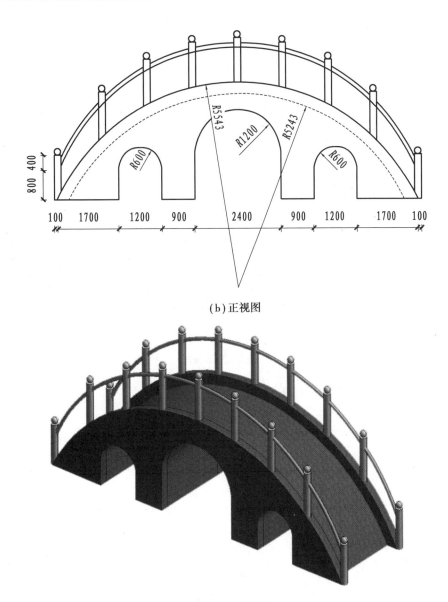

(b) 正视图

(c) 三维视图

图 2.1 拱桥图

2.1.2 A2_TL_地球仪-25 min

地球仪

「任务要求」

根据图 2.2 中给定的尺寸,创建体量模型。地球仪支撑杆截面为半径 50 mm 的圆,设置球体材质为"塑料,不透明白色",其余部分材质为"金属"。最终结果以"地球仪"为文件名保存。

「任务解析」

➤ 本案例的绘制思路为先绘制球体,再绘制支撑部分和底座,绘制完后需要使用连接工具进行连接。

➤ 本案例的难点为斜杆和弧形杆的绘制,斜杆和弧形杆需要分开绘制,无法一次性绘制生成。

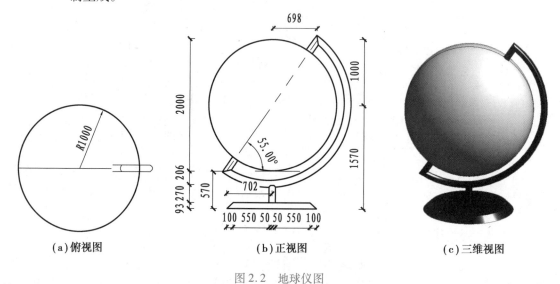

(a)俯视图　　　　　(b)正视图　　　　　(c)三维视图

图 2.2　地球仪图

2.1.3　A3_TL_大门-30 min

「任务要求」

根据图 2.3 中给定的尺寸,创建体量模型。设置模型材质为"象牙白"。最终结果以"大门"为文件名保存。

(a)三维视图　　　　　(b)正视图

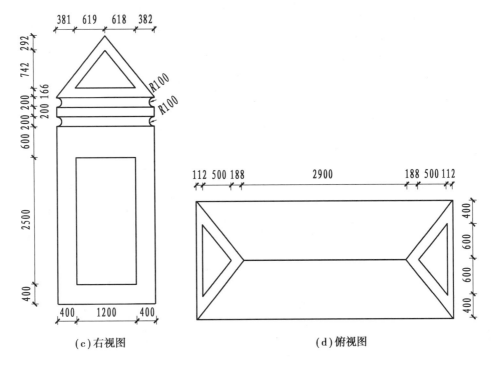

(c)右视图　　　　　　　**(d)俯视图**

图2.3　大门图

「任务解析」

➢ 本案例需要注意的是顶部斜顶的绘制,需要使用空心拉伸来剪切。容易形成误区的是会想到项目中迹线屋顶的绘制,体量中这个屋顶是无法一次成型的。

➢ 本案例的绘制思路为从下往上绘制,主要用到的是空心剪切实体模型,这里需要用到多个空心模型。

➢ 本案例的难点为如何灵活应用空心模型,将绘制思路打开,不局限于直接绘制,而是将空心与实心结合起来。

2.1.4　A4_TL_体量大厦-30 min

「任务要求」

根据图2.4中给定的尺寸,创建体量模型。设置球体材质为"白色",其余材质为"金属",最终结果以"体量大厦"为文件名保存。

「任务解析」

➢ 本案例的绘制思路为先绘制球体支撑部分,后绘制球体,底部4个杆先绘制整体融合,再用空心剪切。球体底座同样是先绘制整体融合,再使用空心剪切,分外部和中心两个部分。

➢ 本案例的难点为最下面的部分,不易想到的是用空心剪切来绘制。

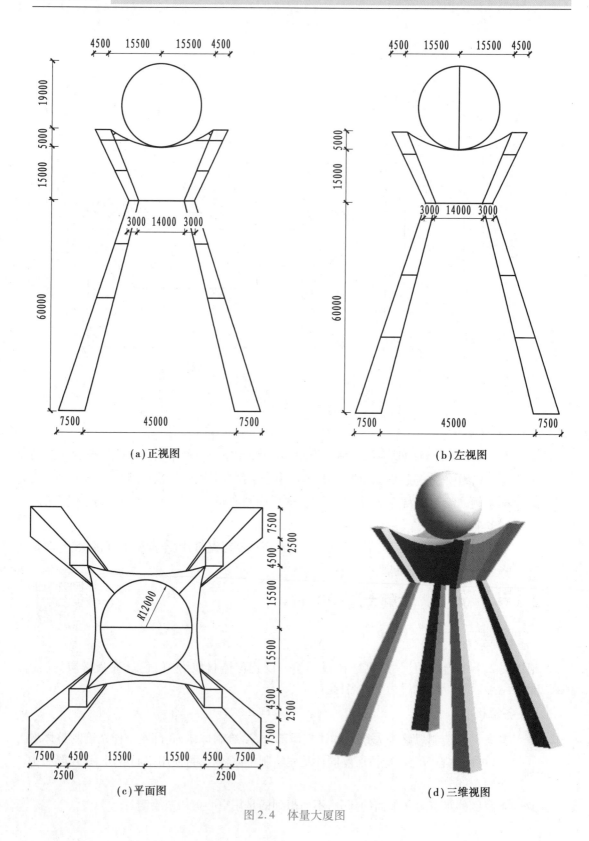

(a)正视图

(b)左视图

(c)平面图

(d)三维视图

图2.4　体量大厦图

2.1.5 A5_TL_体量塔－25 min

体量塔

「任务要求」

根据图 2.5 中给定的尺寸,将±0.000 标高的椭圆每隔 15000 mm 逆时针旋转 15°,旋转 12 次,生成体量模型,立面如图 2.5(c)所示,设置侧面为幕墙,幕墙网格为 1500 mm× 3000 mm,屋顶为"常规-125 mm",楼板为"常规-150 mm",最终结果以"体量塔"为文件名保存。

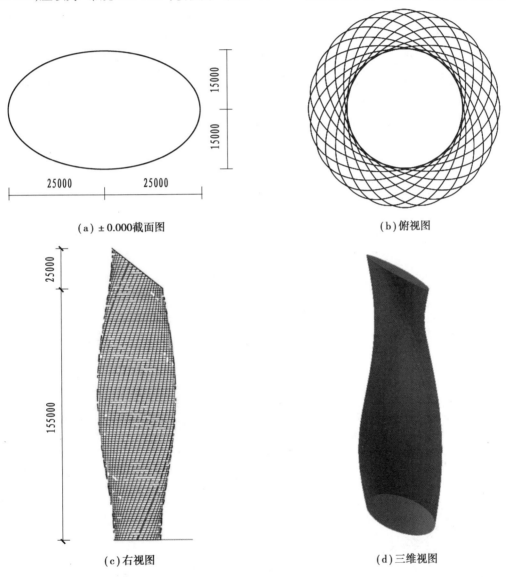

(a) ±0.000截面图　　(b)俯视图

(c)右视图　　(d)三维视图

图 2.5　体量塔图

「任务解析」

➤ 本案例分为两个部分:一部分是绘制体量模型;另一部分是将体量模型载入项目中, 生成幕墙。体量模型的绘制思路为按照题目中的要求画出一半的截面轮廓并调整至相应的标高,然后将轮廓从下往上镜像,将所有的轮廓调整正确后,选中所有的轮廓生成模型。斜面用一个空心剪切即可。载入项目中后,使用幕墙系统工具生成幕墙。

➤ 本案例的难点为体量模型的轮廓绘制,以及如何快速地将每个轮廓调整到相应的位置上。

2.1.6 A6_TL_公园景观-45 min

「任务要求」

根据图2.6中给定的尺寸,创建体量模型。设置模型材质为"墙漆-白色古色",最终结果以"公园景观"为文件名保存。

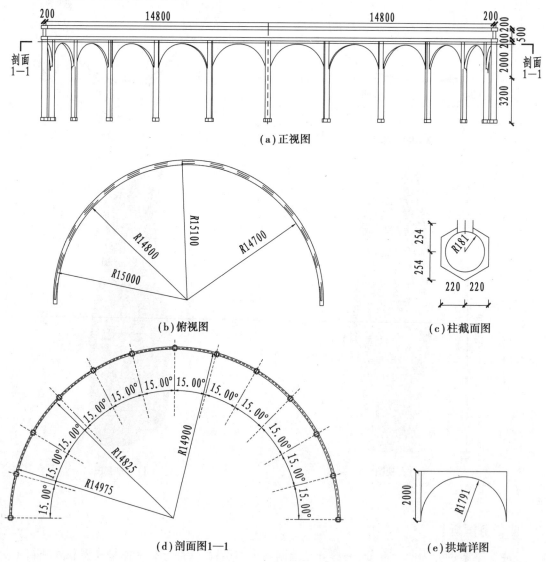

(a) 正视图

(b) 俯视图

(c) 柱截面图

(d) 剖面图1—1

(e) 拱墙详图

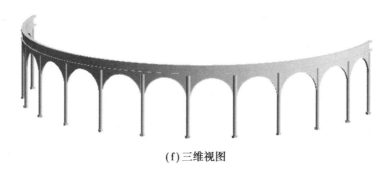

(f) 三维视图

图 2.6 公园景观图

「任务解析」

➤ 本案例看似简单,但在绘制时可能遇到很多问题,主要问题在于其整体为弧形,立面轮廓的绘制难度大,不过只需一个嵌套族就能解决这个问题。

➤ 本案例的绘制思路为根据拱墙详图绘制一个体量族,然后新建一个体量,绘制好柱子和顶部装饰条,将做好的拱墙载入,调整到合适位置,然后使用阵列或者旋转复制即可。

➤ 本案例的难点为读者很难想到使用嵌套族这个方法,若不使用嵌套族,绘制相对比较麻烦。

2.1.7 A7_TL_景观花瓶-20 min

「任务要求」

根据图 2.7 中给定的尺寸,创建体量模型。设置模型材质为"陶瓷-蓝色马赛克",最终结果以"景观花瓶"为文件名保存。

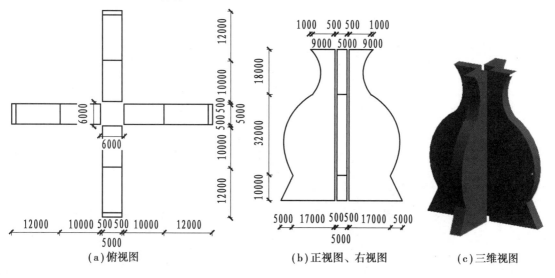

(a) 俯视图   (b) 正视图、右视图   (c) 三维视图

图 2.7 景观花瓶图

「任务解析」

➤ 本案例相对简单,是一个完全对称的模型。

➤ 绘制思路为先绘制好 1/4 模型,再使用镜像和旋转复制工具即可。

➤ 本案例的难点为圆弧形轮廓的绘制。

2.1.8 A8_TL_塔-40 min

「任务要求」

根据图 2.8 中给定的尺寸,创建体量模型。设置模型材质为"白色漆",最终结果以"塔"为文件名保存。

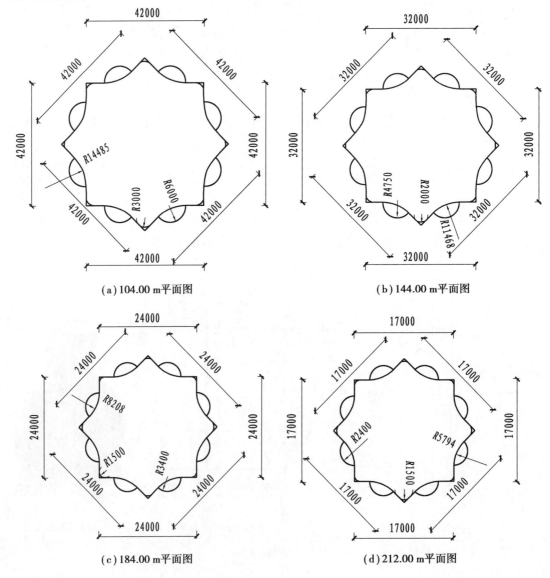

(a) 104.00 m平面图   (b) 144.00 m平面图

(c) 184.00 m平面图   (d) 212.00 m平面图

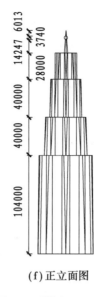

(e)塔尖平面图   (f)正立面图   (g)三维视图

图2.8 塔图

「任务解析」

➤ 本案例看似复杂,但只需要按照图纸一层一层地绘制好轮廓,然后进行拉伸即可。

➤ 本案例的绘制思路为从下往上依次绘制好轮廓,可先不生成模型,把4个轮廓绘制完后,再调整到相应的位置上,然后依次选择轮廓生成模型,最后绘制顶部的塔尖。

➤ 本案例的难点为绘制底部轮廓,先绘制一个正方形,旋转复制45°,然后使用圆角弧工具,生成大的弧形,最后使用"起点—终点—半径弧"工具绘制其他弧形。

2.1.9   A9_TL_大桥-40 min

大桥

「任务要求」

根据图2.9中给定的尺寸,创建体量模型。设置悬索材质为"金属",其余部分材质为"混凝土",悬索的截面为半径500 mm的圆,最终结果以"大桥"为文件名保存。

「任务解析」

➤ 本案例的绘制思路为先绘制桥支撑,再绘制桥面,最后绘制悬索。悬索的绘制可采用拉伸之后旋转,也可使用放样,复制之后修改放样,可配合使用镜像工具。

➤ 本案例的难点为悬索的复制方法,如果单根的方式建模,建模时间比较长。应该是拉伸一个拉索,之后复制,或者放样一个拉索,之后复制,再逐个调整。本案例推荐使用放样,修改路径比较快,画出1/4之后,使用两次镜像,即可完成绘制。

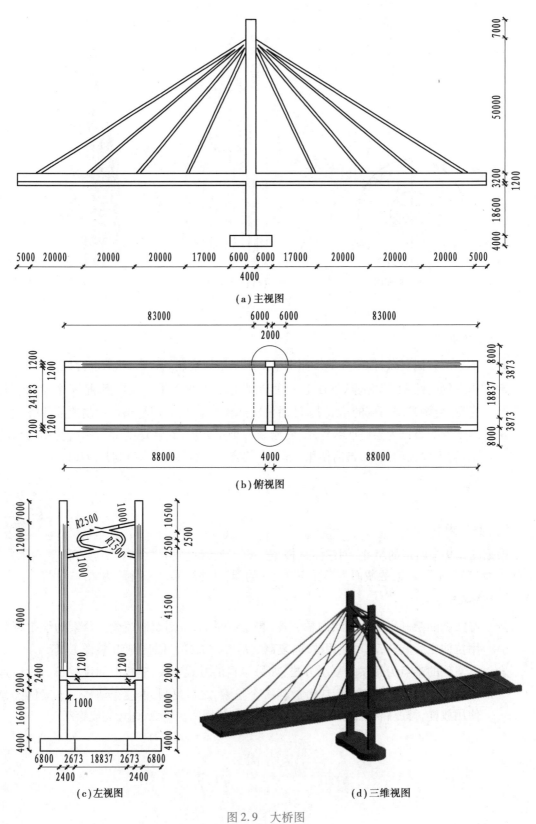

（a）主视图

（b）俯视图

（c）左视图

（d）三维视图

图2.9　大桥图

2.1.10　A10_TL_仿埃菲尔铁塔–30 min

仿埃菲尔铁塔

「任务要求」

根据图 2.10 中给定的尺寸,创建体量模型。设置模型材质为"金属",最终结果以"仿埃菲尔铁塔"为文件名保存。

「任务解析」

➢ 本案例相对简单,绘制思路为从下往上一层一层地绘制,主要采用融合和拉伸工具,顶部采用旋转工具,空心部分采用空心拉伸即可。

➢ 本案例的难点为顶部塔尖的绘制,由于惯性思维,可能会选择融合工具,因此在工具的选择上出现了问题。

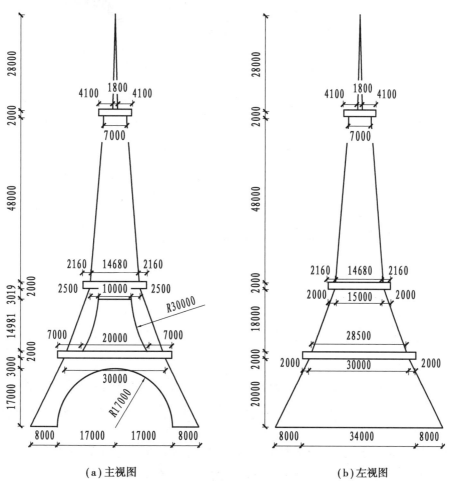

（a）主视图　　　　　　　　（b）左视图

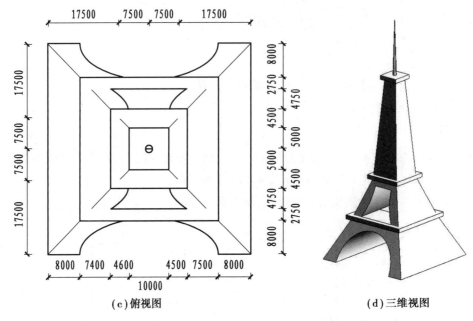

（c）俯视图 （d）三维视图

图 2.10 仿埃菲尔铁塔图

2.2 中级案例

「本节实训目标」

➤ 掌握复杂体量模型的创建方法。

➤ 掌握在创建复杂体量模型时，如何提高建模效率。

2.2.1 B1_TL_膜结构建筑-30 min

膜结构建筑

「任务要求」

根据图 2.11 中给定的尺寸，创建体量模型，最终结果以"膜结构建筑"为文件名保存。

「任务解析」

➤ 本案例的绘制思路为先绘制中间的圆柱形，再绘制两侧更大一点的圆柱形，注意在空心洞口处有一圈边容易被忽略。紧接着绘制底部支撑、圆弧形拱，最后统一用空心模型剪切。

➤ 本案例的难点为底部支撑和圆弧形拱的绘制，在用空心剪切时需要注意剪切的深度，另外，需要注意绘制底部支撑时的边界位置。

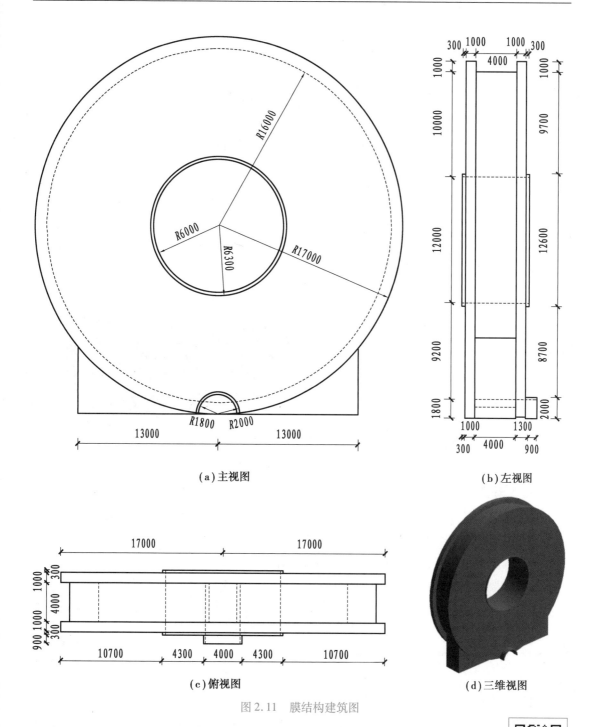

图 2.11 膜结构建筑图

2.2.2 B2_TL_茶几-40 min

茶几

「任务要求」

根据图 2.12 中给定的尺寸,创建体量模型,设置模型材质为"蛇木"。最终结果以"茶几"为文件名保存。

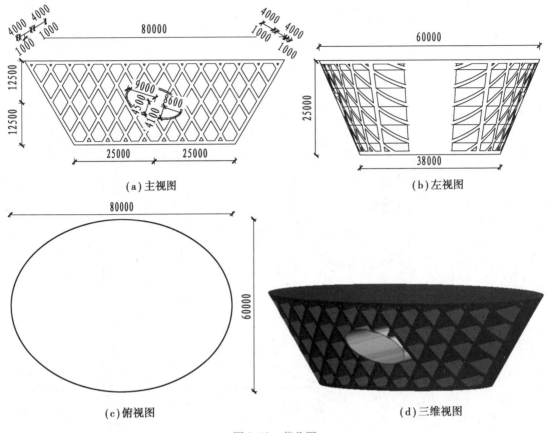

图 2.12　茶几图

「任务解析」

➤ 本案例的绘制思路为先用融合工具绘制整体模型,再将中间的空心椭圆剪切出来,最后绘制其余部分的空心。在绘制时需要有耐心。

➤ 本案例的难点为大量空心模型的绘制,在绘制好实心部分后,绘制空心模型线时一定要注意线所在的工作平面,可先绘制一根模型线后,再三维视图确认所在的工作平面是否正确,然后回到相应的平面视图接着绘制。如果对工作平面的设置不熟练,可在模型前方绘制一个垂直面,最后删除这个面即可。

2.2.3　B3_TL_穹顶建筑–50 min

「任务要求」

根据图 2.13 中给定的尺寸,创建体量模型。设置模型中间墙体材质为"陶瓷-淡黄棕灰褐色",其余材质为"陶瓷-海边蓝色",并修改"外观-颜色"为"RGB 98 122 193",最终结果以"穹顶建筑"为文件名保存。

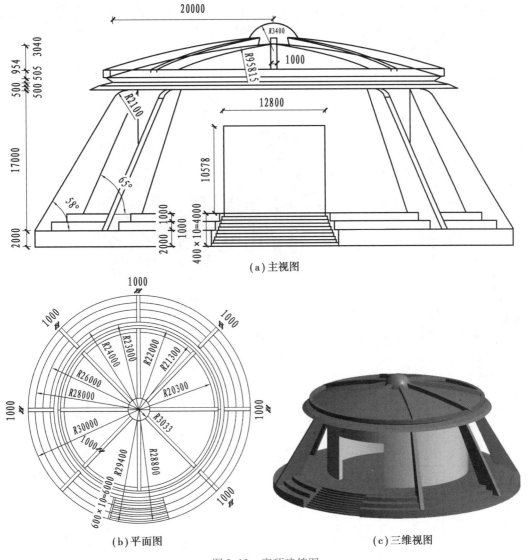

图 2.13 穹顶建筑图

「任务解析」

➤ 本案例比较复杂,难度比较高。绘制思路为从下往上进行绘制,先绘制中间主体结构,再绘制四周的构件。本案例涉及的模型创建工具比较多,有拉伸、融合、放样、旋转,还需要配合旋转复制和镜像工具。

➤ 本案例的难点为构件比较多,弧形面或弧形体较多,在绘制和定位以及工作平面的设置上都比较难。

2.2.4 B4_TL_体量大厦-30 min

「任务要求」

根据图 2.14 中给定的尺寸,创建体量模型。根据图 2.14 表格所示的标高,创建楼板"常规-150 mm",设置屋顶为"常规-125 mm",设置墙体为"常规-200 mm",设置幕墙为"1500 mm× 3000 mm"和"500 mm×500 mm"两种规格,除三维视图中标准部分幕墙网格为500 mm×500 mm 外,其余幕墙网格为1500 mm×3000 mm。最终结果以"体量大厦"为文件名保存。

标高	高度
标高 1	±0.000
标高 2	6.000
标高 3	12.000
标高 4	18.000
标高 5	24.000
标高 6	35.000
标高 7	41.000
标高 8	47.000
标高 9	53.000
标高 10	59.000
标高 11	65.000
标高 12	70.000
标高 13	80.000
标高 14	90.000

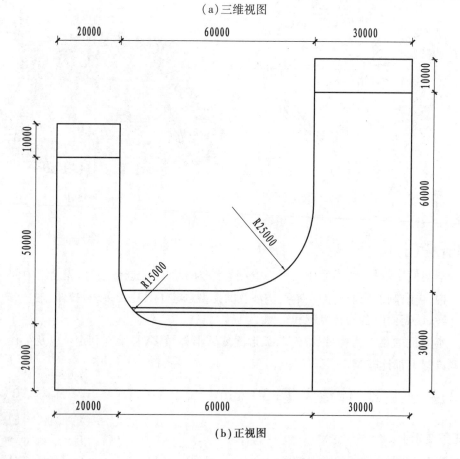

（a）三维视图

（b）正视图

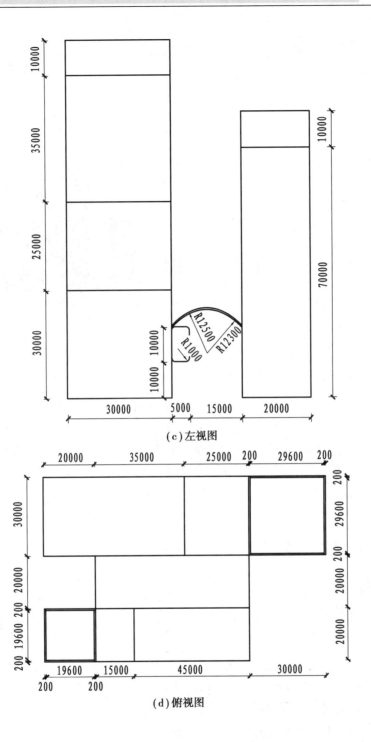

(c) 左视图

(d) 俯视图

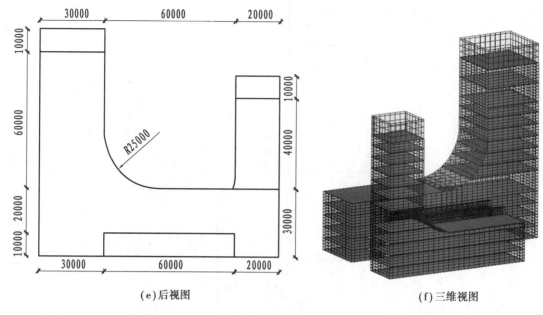

（e）后视图　　　　　　　　　　　　　　　（f）三维视图

图 2.14　体量大厦图

「任务解析」

➤ 本案例综合了整个体量推敲的过程,绘制思路为先创建体量模型,再将创建好的模型载入项目中。在项目中应按照表格中的标高创建楼层标高。在创建面楼板之前需要创建体量楼层,之后才能创建楼板。在创建幕墙时应先选择幕墙系统(不要选择面墙),然后选择墙类型为"幕墙",幕墙生成时注意幕墙网格的尺寸。

➤ 本案例的难点为综合性比较强,需要对整个流程比较熟悉,但每一步的操作相对简单。

2.2.5　B5_TL_某大厦-30 min

「任务要求」

根据图 2.15 中给定的尺寸,创建体量模型,最终结果以"某大厦"为文件名保存。

「任务解析」

➤ 本案例的绘制思路为先绘制底部板,再绘制左边塔的第一段和后边部分,确定好位置关系正确后,接着绘制左边部分,可使用复制工具,塔尖部分采用旋转工具。通过前面的案例训练,相信本案例很容易绘制完成。

➤ 本案例的难点为重复性的部分是选择重复性绘制,还是选择效率更高的复制、镜像等工具来完成。实践中,在追求正确的基础上也应该思考如何提高效率。

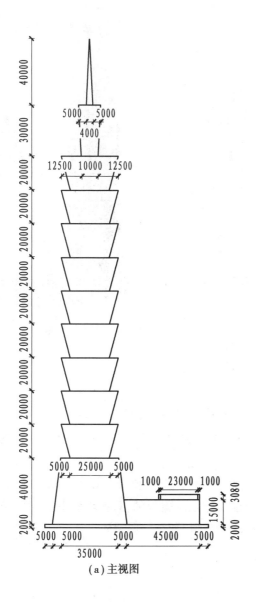

（a）主视图

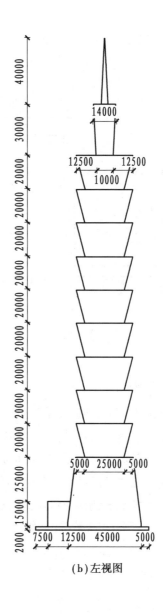

（b）左视图

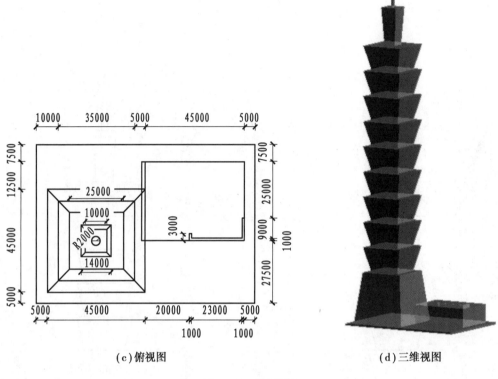

(c)俯视图   (d)三维视图

图 2.15   某大厦图

「本章实训总结」

➤ **体量的推敲**：创建体量→生成体量楼层→体量面转换为建筑构件。

➤ **关于点**：在样条曲线上创建基于主体的点后，选择该点，单击选项栏中的生成驱动点项，可将其转换为驱动点，但是单向转换。

➤ **关于工作平面**：做模型前，如在三维视图中操作，一定要设置好、设置对工作平面。

「注」本章初级案例和中级案例的实训要求和方法是类似的，只是中级案例加大了难度，因此，本章 2.1 节和 2.2 节的「实训要点」和「实训总结」放在一起叙述。

第 3 章 建筑构件

3.1 初级案例

「本节实训要点」

➤ **墙体**:分为建筑墙、结构墙、幕墙。

建筑墙:用在建筑模型中创建非结构墙,建筑墙体无法创建钢筋。

结构墙:在建筑模型中创建承重墙或剪力墙,可在结构墙体中创建钢筋。

幕墙:不规则的幕墙网格线划分和编辑(最常用的工具"添加/删除线段")。幕墙竖梃设置之前,必须先划分幕墙网格才可添加幕墙竖梃。

➤ **屋顶**:两种方式创建屋顶,即迹线屋顶和拉伸屋顶。

迹线屋顶:创建屋顶时使用建筑迹线定义其边界,是最常用的屋顶类型。

拉伸屋顶:通过拉伸绘制的轮廓来创建屋顶,主要用于创建弧形屋顶。

➤ **楼板**:分为建筑板和结构板,其区别与所有建筑和结构构件的区别相同,建筑构件不能绘制钢筋,结构构件中可以添加钢筋。

➤ **楼梯**:分为现场浇筑楼梯、组合楼梯和预浇筑楼梯。最常用的楼梯类型为现场浇筑楼梯。绘制方式上有按构件创建楼梯和按草图创建两种。一般标准构件使用按构件创建,异形楼梯可先创建标准楼梯,之后转换成草图编辑模式进行修改。

➤ **栏杆扶手**:通过绘制路径来绘制楼梯。

➤ **坡道**:坡道绘制时,坡度的设置非常重要。

➤ **老虎窗**:可以剪切屋顶,以便为老虎窗创建洞口。

「本节实训目标」

➤ 掌握各建筑构件的基本概念。

➤ 掌握各建筑构件的创建方法。

➤ 理解各建筑构件在项目中的应用。

3.1.1 A1_GJ_AR_屋顶-10 min

屋顶

「任务要求」

根据图 3.1 中给定的尺寸,创建屋顶模型。屋顶类型为"基本屋顶 常规-400 mm",最终结果以"屋顶"为文件名保存。

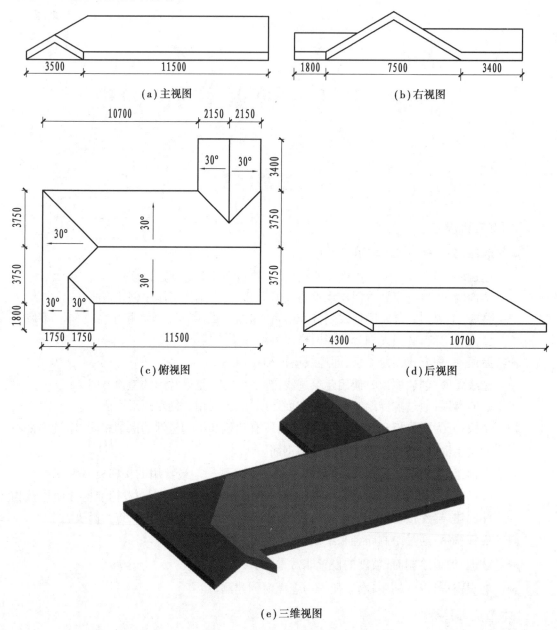

（a）主视图   （b）右视图

（c）俯视图   （d）后视图

（e）三维视图

图 3.1　屋顶图

「任务解析」

➤ 本案例为建筑迹线屋顶，绘制思路为根据平面图绘制出屋顶的边界线，先不考虑坡度值和坡度方向，将边界线绘制完成后，调整坡度，如果对方向不清楚，可先完成绘制，观察坡度方向和图纸的区别，再试着取消对边的坡度，如果反向，则取消另一对边，多尝试几次，从中总结出规律。

➤ 本案例的难点为坡度方向的确定，以及边界线断开的位置。

3.1.2　A2_GJ_AR_楼梯-15 min

楼梯

「任务要求」

根据图3.2中给定的尺寸,创建楼梯模型。栏杆类型为"栏杆扶手900 mm 圆管",设置栏杆间距为"600",对齐方式为"中心",其余参数默认。最终结果以"楼梯"为文件名保存。

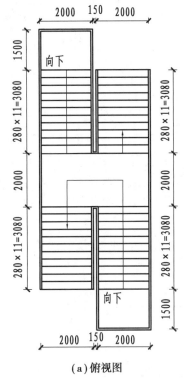

(a) 俯视图

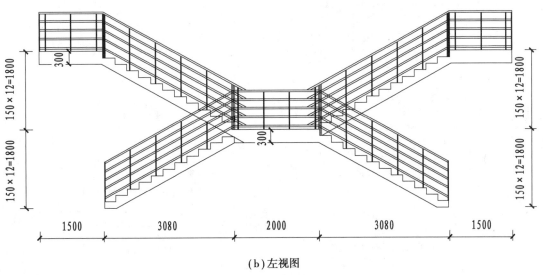

(b) 左视图

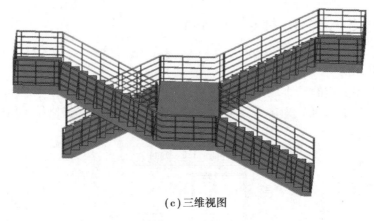

（c）三维视图

图 3.2　楼梯图

「任务解析」

➤ 本案例为不标准楼梯,属于规则的异形楼梯。绘制思路为先绘制楼梯的一半,即标准楼梯,在没有勾选完成的情况下,将梯段镜像至对边,然后交换两个梯段的位置,画出平台。栏杆扶手绘制完成后,选择不正确的栏杆进行修改即可,栏杆扶手的路径每一次只能是一条路径,路径中间可以断开为两条线,但是两条线需要按顺序相连。

➤ 本案例的难点为栏杆扶手的处理,以及初次绘制此类型楼梯时在方法选择上的困难。

3.1.3　A3_GJ_AR_圆形屋顶-10 min

「任务要求」

根据图 3.3 中给定的尺寸,创建圆形屋顶模型。屋顶类型为"基本屋顶 常规-100 mm"。最终结果以"圆形屋顶"为文件名保存。

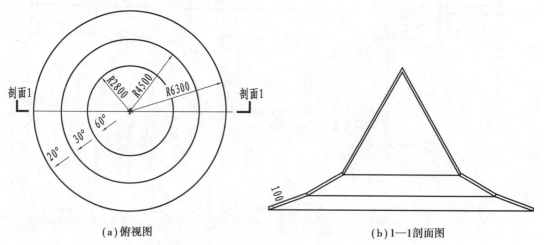

（a）俯视图　　　　　　　　　　　　　　　　（b）1—1剖面图

（c）三维视图

图3.3　图形屋顶图

「任务解析」

➤ 本案例是一个多坡度的圆形迹线屋顶，绘制思路为每个坡度的屋顶都单独绘制（坡度分别为20%和30%的屋顶），边界为两个圆，坡度只能设置在外部圆边线上。

➤ 本案例的难点为这种屋顶比较少见，选择屋顶样式比较困难，如果两条边都设置了坡度，则无法生成屋顶，软件会给出相应的报错提示，按照提示信息进行修改即可。

3.1.4　A4_GJ_AR_老虎窗-20 min

「任务要求」

根据图3.4中给定的尺寸，创建老虎窗模型。屋顶类型为"基本屋顶 常规-125 mm"，墙体类型为"基本墙 常规-90 mm 砖"，窗类型为"圆形固定窗1200 mm 直径"。最终结果以"老虎窗"为文件名保存。

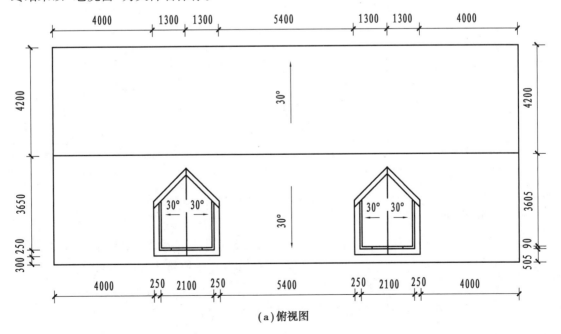

（a）俯视图

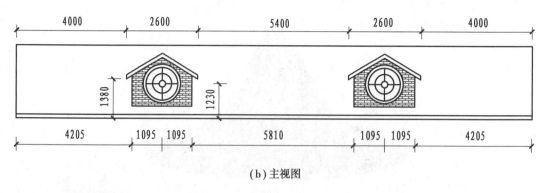

（b）主视图

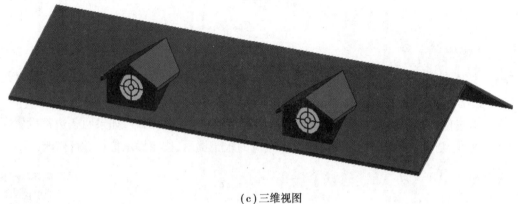

（c）三维视图

图3.4　老虎窗图

「任务解析」

➤ 本案例绘制方法比较复杂，可通过视频查看具体过程。绘制思路为先绘制大坡屋顶，再绘制与之坡度方向相反的小屋顶和墙体，将墙体附着到大、小屋顶上，小屋顶与大屋顶连接（使用"连接/取消连接屋顶"工具），然后使用老虎窗工具开洞，绘制完一边后复制即可。

➤ 本案例的难点为墙体附着、屋顶连接，以及老虎窗工具的使用。

3.1.5　A5_GJ_AR_幕墙-20 min

幕墙

「任务要求」

根据图3.5中给定的尺寸，创建幕墙模型。墙体类型为"基本墙 常规-200 mm 砖"。最终结果以"幕墙"为文件名保存。

「任务解析」

➤ 本案例为不规则网格幕墙。绘制思路为先绘制弧形基本墙体，再绘制一个网格和图纸差距不大的标准幕墙，注意在幕墙绘制前，在类型属性中勾选"自动嵌入"，幕墙定位点需要在基本墙的核心层中心线上。最终根据图纸调整幕墙网格。

➤ 本案例的难点为幕墙网格的划分，本身弧形幕墙也相对复杂。

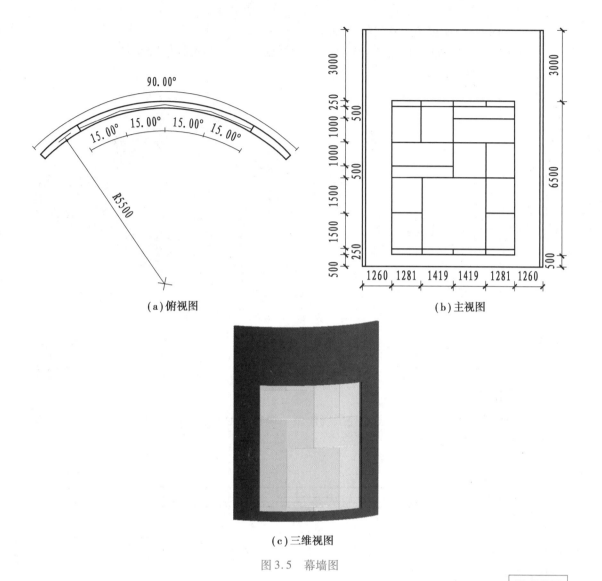

(a)俯视图

(b)主视图

(c)三维视图

图3.5 幕墙图

3.1.6 A6_GJ_AR_异形楼梯-15 min

「任务要求」

根据图3.6中给定的尺寸,创建异形楼梯模型。栏杆扶手类型为"栏杆扶手900 mm圆管"。最终结果以"异形楼梯"为文件名保存。

「任务解析」

➤ 本案例为一个异形楼梯,绘制思路为先绘制一个标准楼梯,选择楼梯类型为"现场浇筑楼梯",绘制好后将异形部分(台阶为弧形的部分)转换成按草图绘制,然后编辑草图(先绘制弧形踢面线,然后删除原来的踢面线即可)。

➤ 本案例的难点为将梯段转换成按草图绘制,在绘制时边界线和踢面线的区分。

• **边界线**:必须到达最外边的踢面线,且左右边界线不能相连。

- **踢面线:** 连接两边界线的线,踢面线不能相交。
- **楼梯路径线:** 楼梯路径应连接起点和终点踢面,并穿过其他所有踢面。

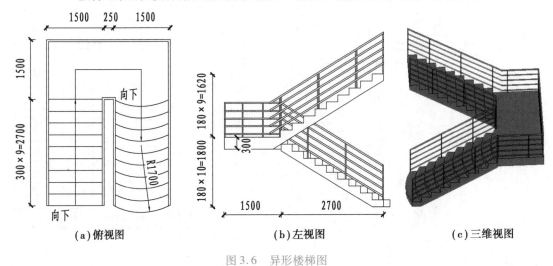

(a)俯视图　　　　　　(b)左视图　　　　　　(c)三维视图

图3.6　异形楼梯图

3.1.7　A7_GJ_AR_叠层墙-25 min

「任务要求」

根据图3.7中给定的尺寸,创建叠层墙模型。墙体面层材质如图3.7(c)所示,最终结果以"叠层墙"为文件名保存。

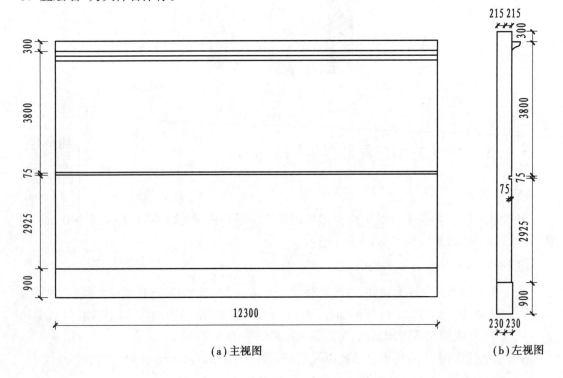

(a)主视图　　　　　　　　　　　　　(b)左视图

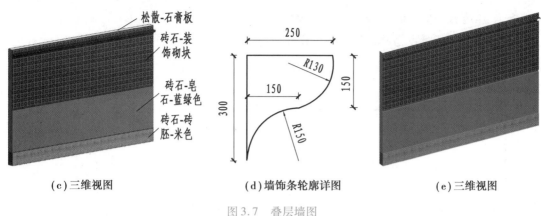

(c)三维视图   (d)墙饰条轮廓详图   (e)三维视图

图3.7 叠层墙图

「任务解析」

➤ 本案例为墙体,主要考查对墙体属性的编辑,同时考查对墙饰条和分隔条的灵活应用。绘制思路为先绘制墙饰条轮廓(使用公制轮廓族样板),再对叠层墙的两个部分墙体分开编辑,上部墙体的墙面材质不一样,需要通过基本墙进行属性编辑(见下图),再通过添加墙体层来实现,编辑部件中将分隔条和墙饰条添加进来,最后使用叠层墙工具就非常简单了。

编辑部件   ×

族: 基本墙
类型: 外墙
厚度总计: 429.0   样本高度(S): 3096.0
阻力(R): 2.1462 (m²·K)/W
热质量: 26.69 kJ/K

层

	功能	材质	厚度	包络	结构材质
		外部边			
1	面层 2 [5]	砖石-装饰砌块	25.0	☑	☐
2	面层 2 [5]	砖石-皂石-蓝绿色	25.0	☑	☐
3	面层 1 [4]	砌体-普通砖 75x225mm	102.0	☑	☐
4	保温层/空气层 [3]	空气	50.0	☑	☐
5	保温层/空气层 [3]	隔热层/保温层-空心填充	50.0	☑	☐
6	涂膜层	隔汽层	0.0	☑	☐
7	核心边界	包络上层	0.0		
8	结构 [1]	混凝土砌块	190.0	☐	☑
9	核心边界	包络下层	0.0		
10	面层 2 [5]	松散-石膏板	12.0	☑	☐

➤ 本案例的难点为墙体属性的编辑,尤其是上下两层材质不一样的情况如何编辑。

3.1.8 A8_GJ_AR_压型板-10 min

「任务要求」

根据图3.8中给定的尺寸,创建压型钢板模型。压型钢板轮廓选择"形状压型板_复合-YX76-344-688",压型板用途为"与上层结合"。最终结果以"压型板"为文件名保存。

「任务解析」

➤ 本案例为压型钢板,主要考查读者对板属性的编辑。绘制思路为选择结构板编辑属性,在这之前应载入压型板的轮廓,在编辑部件层中核心边界的下面添加一层选择压型板,则可在下方选择对应的轮廓。

➤ 本案例的难点为此知识点用得比较少,读者对压型板工具不熟悉。

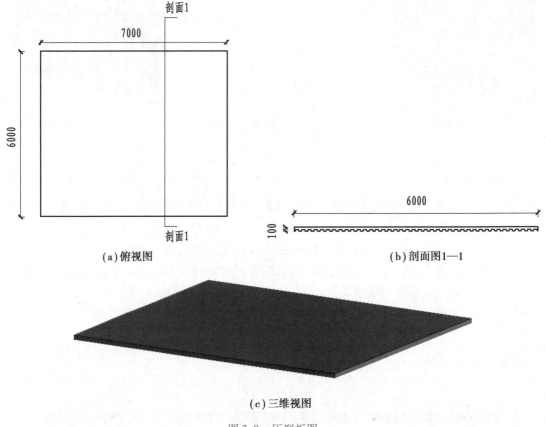

(a)俯视图   (b)剖面图1—1

(c)三维视图

图3.8 压型板图

3.1.9 A9_GJ_AR_栏杆扶手-20 min

「任务要求」

根据图3.9中给定的尺寸,创建栏杆扶手模型。栏杆扶手起点支柱和终点支柱选择"栏杆右2"、栏杆选择"栏杆右1",嵌板选择"铁艺嵌板2",顶部扶手选择"圆形-40 mm",底部扶手选择"圆形扶手:30 mm"。最终结果以"栏杆扶手"为文件名保存。

「任务解析」

➤ 本案例的绘制思路为根据图纸载入对应的栏杆和嵌板的轮廓,选择绘制栏杆路径,编辑栏杆扶手的属性,需要注意栏杆位置的编辑,对齐方式选择"中心",起点和终点支柱需要单独设置。

➤ 本案例的难点为栏杆位置的编辑,对"相对前一栏杆的距离"这一参数的设置,本案例为420 mm。

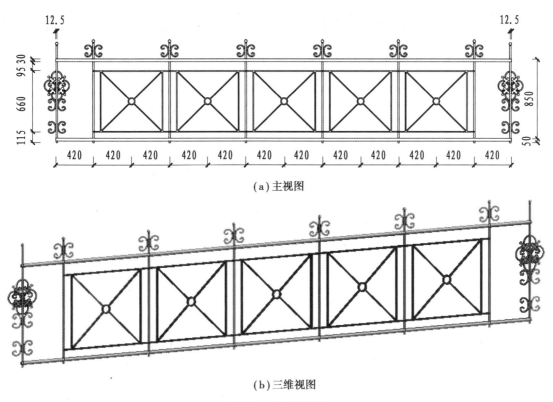

（a）主视图

（b）三维视图

图3.9　栏杆扶手图

3.1.10　A10_GJ_AR_坡道-15 min

坡道

「任务要求」

根据图3.10中给定的尺寸,创建坡道模型,栏杆扶手选择"900 mm 圆管"。最终结果以"坡道"为文件名保存。

「任务解析」

➤ 本案例的绘制思路为先确定坡道的长度、需要到达的高度和坡道宽度,之后只需按照图纸绘制即可,需设置坡道类型属性中的"造型"为"实体",然后绘制1500 mm 高的平台,再编辑栏杆扶手路径,将路径延长至平台。

➤ 本案例的难点为坡道属性设置以及栏杆扶手的编辑。

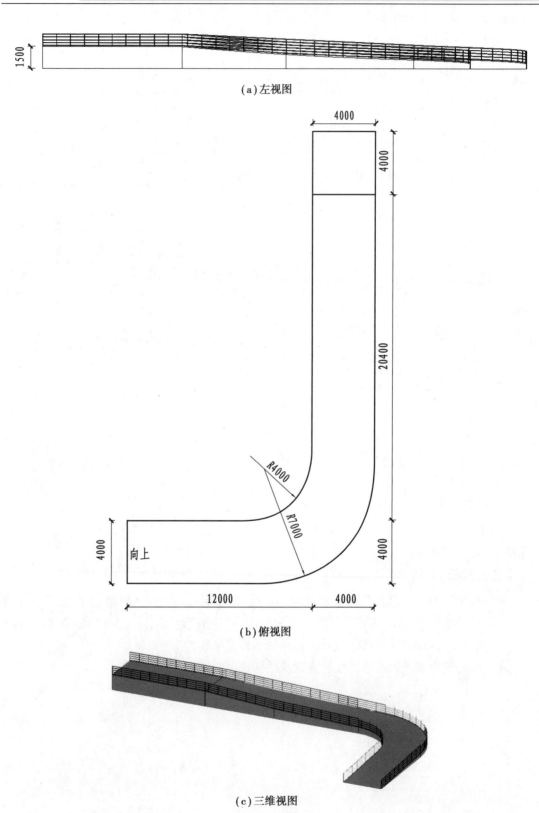

（a）左视图

（b）俯视图

（c）三维视图

图 3.10　坡道图

「本节实训总结」

➤ 本节涉及了常用的建筑构件,案例本身并不复杂,重点在于对工具的应用,以及对各构件属性的设置。

➤ 迹线屋顶是常用的屋顶形式,但是拉伸屋顶同样可以绘制坡屋顶。在项目中,有高度定位、坡度不明确的屋顶,使用拉伸屋顶绘制更简单,但是拉伸屋顶不可绘制四面坡屋顶,只适合绘制两面坡屋顶。

➤ 绘制楼梯,软件版本不同工具位置也有细微不同,Revit 2016 在楼梯工具下单独有按草图绘制,而 Revit 2018 以及后面的版本将草图绘制工具放置在楼梯编辑工具内了(绘制标准楼梯之后转换成草图再编辑的形式),但是功能上没有影响。

➤ 绘制栏杆扶手,难点在于栏杆位置的编辑、各栏杆之间的距离,这和栏杆以及嵌板族的定位有关,如果设置后发现距离不对,可打开相应的族,观察族的定位点是在中心还是在角点,这会影响栏杆距离参数的设置。

3.2　中级案例

「本节实训要点」

➤ 本节是小型的综合案例,涉及轴网、墙体、门窗、楼板的绘制和家具、植物的布置。

➤ 本节分为建筑、结构和设备,建筑的重点在于根据建筑的内部空间结构,合理布置家具及绿植,结构的重点在于单层模型中部分钢筋的绘制,设备的重点在于电气、暖通、给排水单专业的小型模型的绘制。

➤ 本节是综合建模的基础,起着从单构件到综合建模过渡的作用。

「本节实训目标」

➤ 掌握小型综合案例的绘制。

➤ 掌握各专业的综合建模方法。

➤ 理解各专业之间的联系。

办公室平面布置

3.2.1　B1_GJ_AR_办公室平面布置-60 min

「任务要求」

根据给出的图纸(附件 3.2.1:B1_GJ_AR_办公室平面布置图纸)和三维视图(图 3.11)创建办公室平面布置模型(家具按照图示布置),但不要求与图示尺寸完全一致,其他未注明要求和尺寸的可自定义,具体要求如下:

①层高 4.000 m,楼板为"楼板 常规-150 mm",不绘制天花板、屋顶楼板及屋面,外墙厚 240 mm,内墙厚 200 mm,墙体材质为"砖,普通,红色"。门窗尺寸及类型参照附件 3.2.1 中的门窗表,窗台高为 600 mm。

②为家具设置合理的材质。办公桌材质为木材,椅子、沙发材质为皮质,座椅杆件为不锈钢。

③自主设计休闲娱乐室和茶水间的布局,并放置合适的设施,为整个办公室添加绿化植物。

④将模型文件以"办公室平面布置"为文件名保存。

图 3.11　办公室平面布置三维视图

「任务解析」

➢ 本案例为办公室室内布置模型。绘制思路为先绘制轴网,调整好标高,层高为 4.000 m,绘制墙体(内墙和外墙的厚度不同)、门窗、楼板等构件,注意这些构件的构造和材质的设置;之后放置家具,在族库中找到对应的家具族,观察图纸中同类型的家具,在布置时可采用复制、镜像等工具。将图纸中给出的布置完成后,开始布置空白区域,根据房间名称判断本区域的功能。本案例中为休闲娱乐区域,可放置一些室内健身器材、沙发、茶几等,布置合理即可。最后是办公区域的整体绿化,需要在公共区域放置绿植,办公桌上放置盆栽等,合理即可。

➢ 本案例的难点为需要自主布置的区域为弧形,如何合理利用空间。

3.2.2　B2_GJ_AR_L 形办公室平面布置-60 min

「任务要求」

根据给出的图纸(附件 3.2.2:B2_GJ_AR_L 形办公室平面布置图纸)和三维视图(图 3.12)创建 L 形办公室平面布置模型(家具按照图示布置),但不要求与图示尺寸完全一致,其他未注明要求和尺寸的可自定义,具体要求如下:

①层高 4.000 m,地面楼板为"楼板 常规-150 mm",不设置天花板、屋顶楼板及屋面,外墙厚 200 mm,内墙厚 100 mm,墙体材质为"顺砌-釉面蓝色"。未标注尺寸的门垛均为 200 mm,门窗尺寸及类型参照附件 3.2.2 中的门窗表,窗台高为 600 mm。

②为家具设置合理的材质,材质样式不限,合理即可。

③自主设计开放办公区的布局,并放置合适设施,为整个办公室添加绿化植物。

④将模型文件以"L 形办公室平面布置"为文件名保存。

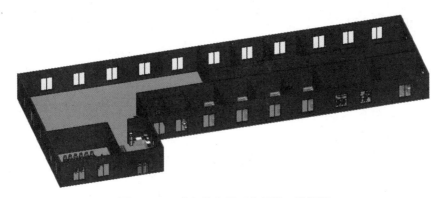

图 3.12　L 形办公室平面布置的三维视图

「任务解析」

➤ 本案例为 L 形办公室模型,绘制方法与 3.2.1 类似,不同点在于本案例需要自主设计开放办公区的布局,需要注意的是设计的区域为 L 形办公区,从前台进门到小办公室需要经过此区域,因此,需要留出过道,合理放置办公桌。

➤ 本案例的难点为在布置办公区家具时,容易忽略留出过道。

3.2.3　B3_GJ_AR_圆角弧形办公室平面布置-60 min

「任务要求」

根据给出的图纸(附件 3.2.3:B3_GJ_AR_圆角弧形办公室平面布置图纸)和三维视图(图 3.13)创建办公室平面布置模型(家具按照图示布置),但不要求与图示尺寸完全一致,其他未注明要求和尺寸的可自定义,具体要求如下:

①层高 4.000 m,地面楼板为"楼板 常规-150 mm",不设置天花板、屋顶楼板及屋面,内、外墙体厚度均为 200 mm,墙体材质为"板岩-绿色"。玻璃幕墙类型选择"幕墙-店面",幕墙嵌板门宽度为两块嵌板的宽度,门窗尺寸及类型参照附件 3.2.3 中的门窗表,未标注尺寸的门垛均为 200 mm。

②为家具设置合理的材质,材质样式不限,合理即可。

③自主设计单人办公室和卫生间的布局,并放置合适设施,为整个办公室添加绿化植物。

④将模型文件以"圆角弧形办公室平面布置"为文件名保存。

图 3.13　圆角弧形办公室平面布置的三维视图

「任务解析」

➢ 本案例为圆角弧形办公室模型,绘制方法与3.2.1类似,不同点在于本案例中有幕墙和门嵌板的绘制,幕墙门是替换的幕墙嵌板,普通门是无法放置在幕墙上的。需要自主设计单人办公室和卫生间的布局,要注意的是设计区域单人办公室是扇形且有一面墙为幕墙,设计出办公区和接待区,卫生间区域分为男卫和女卫,在卫生器具选择上要合理安排。

➢ 本案例的难点为幕墙的绘制,包括幕墙门的绘制。

3.2.4　B4_GJ_AR_半圆形办公室平面布置-60 min

「任务要求」

根据给出的图纸(附件3.2.4:B4_GJ_AR_半圆形办公室平面布置图纸)和三维视图(图3.14)创建办公室平面布置模型(家具按照图示布置),但不要求与图示尺寸完全一致,其他未注明要求和尺寸的可自定义,具体要求如下:

①层高4.000 m,地面楼板为"楼板 常规-150 mm",楼板材质为"6 英寸方形-米色",不设置天花板、屋顶楼板及屋面,墙体外墙厚200 mm,内墙厚180 mm,墙体材质为"墙漆-浅米色"。未标注尺寸的门垛均为200 mm,门窗尺寸及类型参照附件3.2.4中的门窗表。

②为家具设置合理的材质,材质样式不限,合理即可。

③自主设计开放办公区的布局,并放置合适设施,为整个办公室添加绿化植物。

④将模型文件以"半圆形办公室平面布置"为文件名保存。

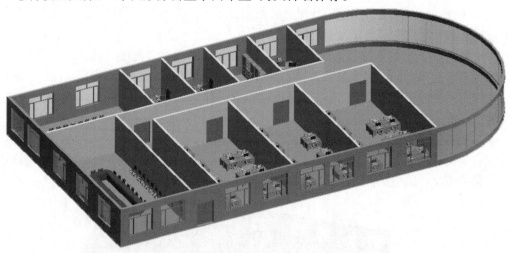

图3.14　半圆形办公室平面布置的三维视图

「任务解析」

➢ 本案例为半圆形办公室模型,绘制方法与3.2.3类似,都有弧形幕墙,且自主设计区域都在弧形幕墙相邻区域。不同点在于本案例幕墙在实体墙中,自动剪切了实体墙(在案例3.1.5中介绍了绘制方法)。需要自主设计开放办公区的布局,应合理利用空间结构,在选择办公桌造型时可考虑圆形(非标准圆,如组合办公桌)、长方形等。

➤ 本案例的难点为圆弧幕墙的绘制以及自主设计空间布置。

3.2.5 B5_GJ_AR_常规办公室平面布置-50 min

「任务要求」

根据给出的图纸(附件3.2.5:B5_GJ_AR_常规办公室平面布置图纸)和三维视图(图3.15)创建办公室平面布置模型(家具按照图示布置),但不要求与图示尺寸完全一致,其他未注明要求和尺寸的可自定义,具体要求如下:

①层高4.000 m,地面楼板为"楼板 常规-150 mm",不设置天花板、屋顶楼板及屋面,墙体外墙厚240 mm,内墙厚200 mm,墙体材质为"墙漆-钢蓝色"。未标注尺寸的门垛均为200 mm,门窗尺寸及类型参照附件3.2.5中的门窗表。

②为家具设置合理的材质,材质样式不限,合理即可。

③自主设计空白区域的布局,可添加墙体和门窗,要求至少包含一个接待室、一个总经理办公室、一个秘书办公室,并放置合适设施,为整个办公室添加绿化植物。

④将模型文件以"常规办公室平面布置"为文件名保存。

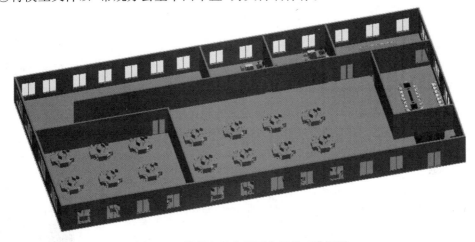

图3.15 常规办公室平面布置的三维视图

「任务解析」

➤ 本案例为常规办公室模型,绘制方法与3.2.1类似,不同点在于需自主设计空白区域的布局,需要在空白区域添加两面墙体,隔成3个房间,要求至少包含一个接待室、一个总经理办公室、一个秘书办公室。添加墙体可参考图3.16(读者可打开思路,设计其他布局方式),最后合理放置家具即可。

➤ 本案例的难点为添加墙体将整片区域分隔成不同的功能区,需要考虑各个功能区之间的联系。

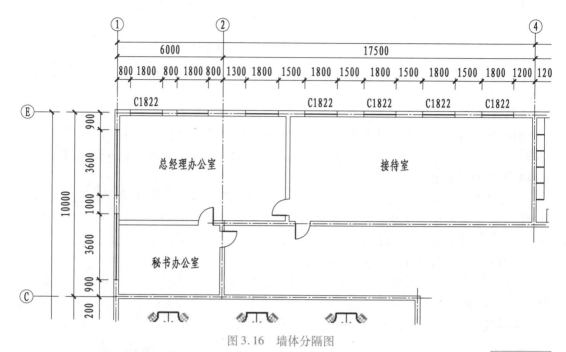

图 3.16　墙体分隔图

3.2.6　B6_GJ_STR_楼梯－30 min

「任务要求」

请根据图 3.17 创建楼梯模型,混凝土强度为 C25,楼梯宽度取 1600 mm,梯板厚度为 150 mm,保护层厚度及弯钩尺寸等自行选择合理值。将模型以"楼梯"为文件名保存。

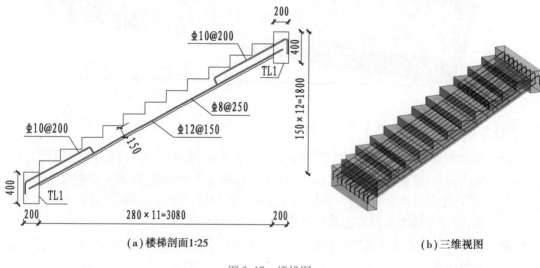

（a）楼梯剖面1:25　　　　　　　　　　（b）三维视图

图 3.17　楼梯图

「任务解析」

➤　本案例为常规楼梯及其配筋模型,先绘制结构构件,再绘制钢筋模型。楼梯绘制前先设置好楼梯的相关参数,如最大梯面高度、最小梯段宽度、梯板厚度、底部标高、顶部标高、所需梯面数、楼梯宽度等(也可绘制后调整);结构构件绘制完成后,切换到平面或剖面建立钢筋模型,没有对应的钢筋形状时,可双击钢筋进行形状编辑达到理想的效果。

➤ 本案例的难点为钢筋斜向排布,可将钢筋布置后,通过旋转命令达到理想的效果。

3.2.7 B7_GJ_STR_三层框架结构(单阶独立基础)−120 min

「任务要求」

根据给出的图纸[附件3.2.7:B7_GJ_STR_三层框架结构(单阶独立基础)图纸]和三维视图(图3.18),建立三层框架结构模型(单阶独立基础),并创建有关明细表及图纸。具体要求如下:

三层框架结构
(单阶独立
基础)

①建立模型轴网、标高,并按照图示形式进行命名,层高统一取3.600 m。

②建立基础、首层、二层以及屋顶模型,包括基础、柱、梁、楼板、屋面等;其中,基础及柱采用C35混凝土,梁、楼板、屋面采用C30混凝土。

③根据图纸中的1—1剖面图,建立首层①~④交Ⓐ轴梁配筋模型,箍筋加密区长度为$1.5h_b$,保护层厚度自行取合理值。

④根据柱截面配筋图,建立首层①~④交Ⓐ轴柱配筋模型,柱箍筋加密范围:柱下端为嵌固部位时$H_n/3$,柱与梁连接节点范围内及节点上下$\max\{H_n/6, h_c, 500\}$,保护层厚度自行取合理值。

⑤建立首层平面图,并对柱、梁进行编号,同时用平法标注柱、梁配筋情况。

⑥统计梁柱截面尺寸、类型、混凝土强度等级和混凝土用量,创建混凝土用量明细表。

⑦统计首层梁、柱钢筋的类型、长度、数量,创建钢筋明细表。

⑧将首层平面、首层梁柱混凝土明细表、钢筋明细表一起放置在一张图纸中。

⑨将结果以"三层框架结构(单阶独立基础)"为文件名保存。

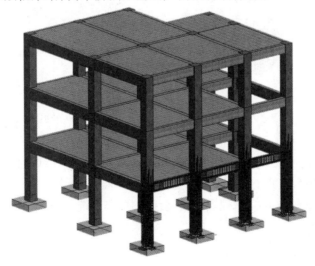

图3.18 三层框架结构的(单阶独立基础)的三维视图

「任务解析」

➤ 本案例为三层框架结构模型,绘制思路为首先绘制轴网、标高;其次绘制基础、柱、梁、板等结构构件(注意赋予材质及设置混凝土强度等级);再次绘制柱、梁钢筋模型(绘制柱钢筋模型时,注意插入基础部分钢筋的长度及形式等、箍筋加密区范围、钢筋接头错开布置,钢筋注意设置在三维视图中的可见性状态,绘制梁钢筋模型时,建模过程中钢筋弯钩长度可根据情况做一定调整,箍筋加密范围、纵筋搭接范围等);最后出首层平面图(运用 22G101 相关图集)及相关明细表(巧用计算总数,让表格变得简短明了)。

➤ 本案例的难点为钢筋建模与22G101 相关图集的掌握。

➤ 重复构件或者重复构件的钢筋绘制可使用复制(CO)、阵列(AR)、镜像(MM)等命令。

3.2.8 B8_GJ_STR_三层框架结构(坡形独立基础)-120 min

「任务要求」

根据给出的图纸[附件 3.2.8:B8_GJ_STR_三层框架结构(坡形独立基础)图纸]和三维视图(图 3.19),建立三层框架结构(坡形独立基础)模型,并创建有关明细表及图纸。具体要求如下:

图 3.19 三层框架结构(坡形独立基础)的三维视图

①建立模型轴网、标高,层高为 3.600 m。

②建立整体结构模型,包括基础、柱、梁、楼板、屋面等,其中,基础、柱采用 C30 混凝土,梁、楼板、屋面采用 C25 混凝土。

③根据图纸平法标注,建立基础钢筋模型,保护层厚度统一取 25 mm。

④根据图纸平法标注,建立一层柱配筋模型,保护层厚度统一取 25 mm。

⑤根据图纸平法标注,建立二层①~⑥交Ⓐ轴梁配筋模型,保护层厚度统一取 25 mm,加密区长度取 1200 mm。

⑥根据图纸平法标注,建立屋面①~②交Ⓐ~Ⓓ轴板配筋模型,保护层厚度统一取 20 mm。

⑦建立二层结构平面图,并对梁板进行编号,同时用平法标注梁配筋情况。

⑧创建混凝土用量明细表,统计构件类型、截面尺寸、混凝土用量等信息。

⑨创建钢筋明细表,统计钢筋的类型、长度和数量。

⑩将二层结构平面图、混凝土明细表、钢筋明细表一起放置在一张图纸中。

⑪将结果以"三层框架结构(坡形独立基础)"为文件名保存。

「任务解析」

➢ 本案例为三层框架结构模型,绘制思路为首先绘制轴网、标高;其次绘制基础、柱、梁、板等结构构件(注意设置混凝土强度等级及钢筋保护层厚度);再次绘制基础、柱、梁、板钢筋模型(绘制柱钢筋模型时,注意插入基础部分钢筋的长度及形式等,钢筋接头错开布置,钢筋设置在三维视图中的可见性状态;绘制梁、板钢筋模型时,建模过程中,钢筋弯钩的长度可根据情况做一定调整,纵筋搭接范围等);最后出二层结构平面图(运用22G101相关图集)及相关明细表。

➢ 本案例的难点为22G101相关图集的掌握与运用。

3.2.9 B9_GJ_STR_二层小别墅-130 min

「任务要求」

根据给出的图纸(附件3.2.9:B9_GJ_STR_二层小别墅图纸)和三维视图(图3.20),建立二层小别墅的结构模型,并创建明细表和图纸。具体要求如下:

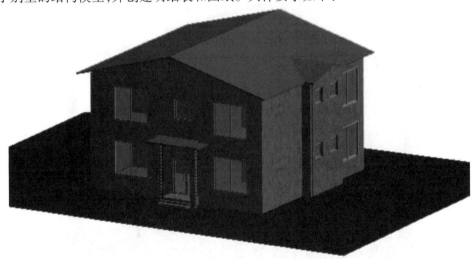

图3.20 二层小别墅的三维视图

①建立模型轴网、标高,并按照图示进行命名。

②建立基础、首层、二层结构模型,包括建筑墙、基础、圈梁、梁、柱、楼板、屋面等;其中,独立基础、柱采用C30混凝土,梁、楼板、屋面采用C25混凝土,条形基础采用M10砂浆砌筑,未注明板厚均为120 mm,梁截面尺寸均为240 mm×300 mm,除特别标明外,梁中线与轴线对齐,或梁边与墙、柱边线对齐,梁面标高与楼板标高一致,未标明尺寸材质的不作要求。

③建立独立基础J-1、构造柱GZ2、①轴地圈梁DL配筋模型。

④统计各构件名称、类型、混凝土和钢筋用量,创建明细表。

⑤创建二层平面图、西立面图和东南视角轴测图,并将二层平面、西立面、混凝土明细表、轴测图一起放置在一张图纸中。

⑥将结果以"二层小别墅"为文件名保存。

「任务解析」

➤ 本案例为二层小别墅模型,绘制思路为首先绘制轴网、标高;其次建立基础、首层、二层结构模型及建筑墙,屋顶的建筑墙应附着到屋顶,注意设置屋顶坡度,采用迹线屋顶绘制并勾选对应迹线的定义坡度,设置坡度为15°,注意赋予构件相应材质及设置混凝土强度等级;再次建立独立基础、构造柱、地圈梁配筋模型,注意柱顶钢筋形式,地圈梁纵筋搭接范围;最后出图(参照题目出图即可)及创建明细表。

➤ 本案例的难点为结构、建筑识图,坡屋顶绘制。

3.2.10　B10_GJ_STR_二层框架剪力墙结构–150 min

「任务要求」

根据给出的图纸(附件3.2.10:B10_GJ_STR_二层框架剪力墙结构图纸)和三维视图(图3.21),建立二层框架剪力墙结构模型,并创建有关明细表及图纸。具体要求如下:

图3.21　二层框架剪力墙结构的三维视图

①建立模型轴网、标高,并按照图示形式进行命名,各层标高见层高表。

②建立基础、首层、二层模型,包括桩基础、承台、柱、墙、梁、楼板等;其中,桩基础、承台、柱、墙采用 C40 混凝土,梁、楼板采用 C30 混凝土。

③建立①交 A 轴桩基础 ZH1102、承台 CT08、柱 KZ01 配筋模型,保护层厚度没有明确说明时自行取合理值(其中,二层 KZ01d 与一层 KZ01 搭接的纵向钢筋需绘制)。

④建立③交Ⓑ轴剪力墙 Q1 配筋模型,保护层厚度自行取合理值。

⑤建立①交Ⓐ～Ⓒ轴框架梁 KL4 配筋模型,保护层厚度自行取合理值。

⑥建立标高-1.250～7.950 m 的楼梯——梯段(AT04)及梯板(PTB1&PTB2)配筋模型,保护层厚度自定义。

⑦建立 7.950 m 层结构板平面图,不需要对梁板进行编号。

⑧统计柱类型、混凝土强度等级和混凝土用量,创建混凝土用量明细表。

⑨统计钢筋的类型、长度、数量、体积,创建钢筋明细表。

⑩将 7.950 m 层结构板平面图、梁混凝土明细表、钢筋明细表一起放置在一张图纸中。

⑪将结果以"框架剪力墙"为文件名保存。

「任务解析」

➤ 本案例为两层框架剪力墙模型,绘制思路为首先绘制轴网、标高(各层标高见层高表);其次绘制桩基础、承台、柱、墙、梁、楼板等,注意设置混凝土强度等级;再次绘制桩基础、承台、柱、剪力墙、框架梁、楼梯梯段及梯板配筋模型,构件类型较多,灵活应用 22G101 图集知识与识读题目中提供的配筋图;最后出结构板平面图并创建相关明细表。

➤ 本案例的难点为各种类型结构构件的钢筋绘制,综合应用 22G101 图集知识。

3.2.11　B11_GJ_MEP_一层照明-120 min

「任务要求」

根据给出的图纸(附件 3.2.11:B11_GJ_MEP_一层照明图纸)和三维视图(图 3.22),建立一层照明模型,并创建有关明细表及图纸。具体要求如下:

①根据给出的图纸创建建筑模型,建筑层高 4.200 m,建筑模型包括标高、轴网、墙、门窗、楼板等相关构件,其中,外墙为 200 mm 厚蒸压粉煤灰空心砌块,内墙为 120 mm 厚蒸压粉煤灰空心砌块,窗台距地面高度为 0.9 m,未标注尺寸门垛均为 150 mm,要求尺寸位置正确。

②根据给出的图纸建立照明模型,按要求添加灯具、开关和照明配电箱,照明配电箱距地 1.550 m,开关距地 1.300 m、距门 0.200 m 暗装,灯具高为 3.350 m。

③将办公室、大厅、过道灯及开关分为 7 个电力系统与配电箱连接,按图中所示的连接导线,创建配电盘明细表。

④创建照明平面图图纸和灯具、开关、管线明细表,包括尺寸、长度、个数 3 项指标,未指明的方面由读者自定义,将结果以"一层照明"为文件名保存。

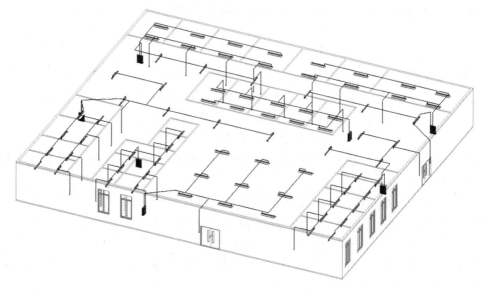

图 3.22　一层照明的三维视图

「任务解析」

➢ 本案例为一层照明模型,绘制思路为首先绘制轴网、标高;其次绘制墙、门、窗、楼板等,注意设置墙体材质;再次绘制灯具、配电箱、线管、开关模型,灵活运用复制命令;最后出照明平面图图纸和灯具、开关、管线明细表。

➢ 本案例的难点为线管与配电箱、灯具、开关的连接。

3.2.12　B12_GJ_MEP_一层照明、暖通-150 min

「任务要求」

根据给出的图纸(附件 3.1.12:B12_GJ_MEP_一层照明、暖通图纸)和三维视图(图 3.23),建立一层照明模型和一层暖通模型,并创建有关明细表和图纸。具体要求如下:

①根据给出的图纸创建建筑模型,建筑层高 3.900 m,建筑模型包括标高、轴网、墙、门窗、楼板等相关构件,其中,内外墙体均为 200 mm 厚蒸压粉煤灰空心砌块,窗台距地面高度为 0.9 m,门距墙边距离为 200 mm,要求尺寸位置正确。

②根据给出的图纸建立照明模型,按要求添加灯具、开关和照明配电箱,照明配电箱距地 1.500 m,开关距地 1.300 m,距门 0.200 m 暗装,灯具高度为 3.600 m。

③将办公室、大厅、走道灯具及开关分为 8 个电力系统与配电箱连接,按图中所示的连接导线,创建配电盘明细表。

④根据给出的图纸建立暖通模型,按要求添加散热器,循环供水管道距地 3.700 m,循环回水距地 3.650 m。

⑤创建照明平面图图纸和暖通平面图图纸,并创建灯具、开关、管线、管道明细表,包括系统、尺寸、长度、个数 4 项指标,未指明的方面由读者自定义,将结果以"一层照明、暖通"为文件名保存。

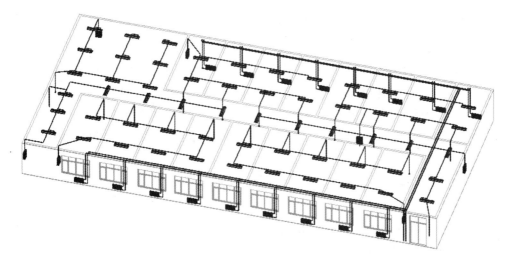

图 3.23 一层照明、暖通的三维视图

「任务解析」

➤ 本案例为一层照明模型和一层暖通模型,绘制思路为首先绘制轴网、标高;其次绘制墙、门、窗、楼板等(注意设置墙体材质;再次绘制灯具、配电箱、线管、开关、散热器、管道模型,灵活运用复制命令);最后出照明平面图图纸和暖通平面图图纸,并创建灯具、开关、管线,管道明细表。

➤ 本案例的难点为线管与配电箱、灯具、开关的连接,管道与散热器的连接。

3.2.13 B13_GJ_MEP_一层暖通-120 min

「任务要求」

根据给出的图纸(附件 3.2.13:B13_GJ_MEP_一层暖通图纸)和三维视图(图 3.24),建立一层暖通模型,并创建有关明细表及图纸。具体要求如下:

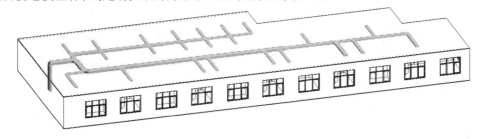

图 3.24 一层暖通的三维视图

①根据给出的图纸创建建筑模型,建筑层高 3.600 m,建筑模型包括标高、轴网、墙、门窗、楼板等相关构件,其中,除卫生间内隔墙为 100 mm 外,其余内外墙体均为 200 mm 厚蒸压粉煤灰空心砌块,窗台距地面高度为 0.900 m,门距墙边距离为 200 mm,要求尺寸位置正确。

②根据给出的图纸建立暖通模型,按要求添加风口,风管中心对齐,中心标高为 3.100 m,风管系统设置为新风,颜色为绿色。

③创建暖通平面图图纸,并创建风管和风口明细表,包括系统、尺寸、长度、个数 4 项指

标,未指明的方面由读者自定义,将结果以"一层暖通"为文件名保存。

「任务解析」

➢ 本案例为一层暖通模型,绘制思路为首先绘制轴网、标高;其次绘制墙、门、窗、楼板等,注意设置墙体材质、系统分类、管道材质和颜色;再次绘制风管和风口模型,灵活运用复制命令;最后出暖通平面图图纸,并创建风管和风口明细表。

➢ 本案例的难点为风管与风口的连接、系统分类和管道材质及颜色设置。

3.2.14　B14_GJ_MEP_一层空调水-120 min

「任务要求」

根据给出的图纸(附件3.2.14:B14_GJ_MEP_一层空调水图纸)和三维视(图3.25),建立一层空调水模型,并创建有关明细表和图纸。具体要求如下:

①根据给出的图纸创建建筑模型,建筑层高3.600 m,建筑模型包括标高、轴网、墙、门窗、楼板等相关构件,其中内外墙体均为200 mm厚蒸压粉煤灰空心砌块,窗台距地面高度为0.900 m,门距墙边200 mm,要求尺寸位置正确。

②根据给出的图纸建立空调水模型,按要求绘制管道并添加风管和风机盘管,风管中心对齐,中心标高为2.830 m,冷凝水管标高为2.800 m,冷媒管标高为2.700 m。

③定义管道系统颜色:冷凝水管-橙色、冷媒管-紫色。

④创建空调水平面图图纸,并创建管道和风机盘管明细表,包括系统、尺寸、长度、个数4项指标,未指明的方面由读者自定义,将结果以"一层空调水"为文件名保存。

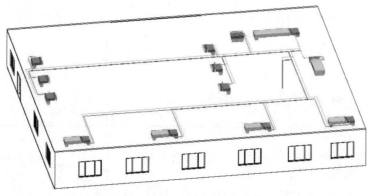

图3.25　一层空调水的三维视图

「任务解析」

➢ 本案例为一层空调水模型,绘制思路为首先绘制轴网、标高;其次绘制墙、门、窗、楼板等,注意设置墙体材质、系统分类、管道材质和颜色;再次绘制风管、风口、风机盘管、管道模型,灵活运用复制命令;最后出空调水平面图图纸,并创建管道和风机盘管明细表。

➢ 本案例的难点为风口和风管及其风机盘管的连接、系统分类和管道材质及颜色设置。

3.2.15　B15_GJ_MEP_一层喷淋-150 min

「任务要求」

根据给出的图纸(附件3.2.15:B15_GJ_MEP_一层喷淋图纸)和三维视图(图3.26),建立一层喷淋模型,并创建有关明细表及图纸。具体要求如下:

①根据给出的图纸创建建筑模型,建筑层高4.200 m,建筑模型包括标高、轴网、墙、门窗、楼板等相关构件,其中内外墙体均为200 mm厚蒸压粉煤灰空心砌块,窗台距地面高度为0.900 m,要求尺寸位置正确。

②根据给出的图纸建立喷淋模型,按要求绘制管道并添加喷头,管道标高为3.100 m,喷头高度为2.700 m,喷淋系统颜色为紫色。

③创建喷淋平面图图纸,并创建管道、喷头、管件明细表,包括系统、尺寸、长度、个数4项指标,未指明的方面由读者自定义,将结果以"一层喷淋"为文件名保存。

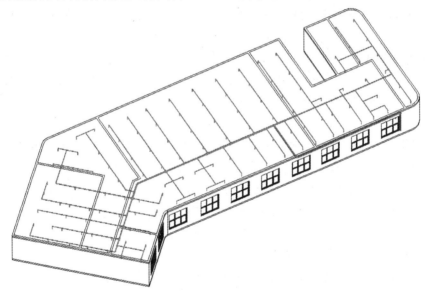

图3.26　一层喷淋的三维视图

「本节实训总结」

➤　本节案例都采用了单层单专业的案例形式,旨在通过小型综合案例来熟悉建模流程。

➤　本节案例分为建筑、结构、设备,但是每个案例都是相互独立的,不管读者是哪个专业,这些案例都能帮助他达到练习的目的。

➤　通过这些案例练习,也可帮助读者为BIM等级考试做准备。

第4章 综合建模

4.1 初级案例

「本节实训要点」

➢ 本节为综合建模的初级案例,本节案例都是一个完整的小建筑模型,读者需要熟悉项目的建模流程、项目的命名规范、建模标准、模型精细度等。

  • 建筑单专业建模流程:创建标高→轴网→场地→一层墙体→一层门窗→二层墙体→二层门窗→楼板→屋顶→楼梯→栏杆扶手→其他附属构件(此流程的某些步骤可前后调整)。

  • 命名规范:在同一个项目中,应使用统一的文件命名格式且保持不变。

  • 建筑工程信息模型精细度分为5个等级:LOD100,LOD200,LOD300,LOD400,LOD500。

➢ 在本节中,读者需要应用前3章的知识点,如族、体量、建筑构件、标高轴网等。将这些知识点应用到项目中是本节学习的根本。

➢ 本节读者将要学习到图纸注释、出图、渲染、漫游等前几章没有涉及的知识点。

  • 注释:包括长度、角度、坡度、高程点、门窗编号、材质注释等。

  • 渲染:渲染模型图片,渲染设置。

  • 漫游:根据指定路径,绕建筑外部或者内部生成漫游动画。

「本节实训目标」

➢ 掌握项目的建模流程、建模规范等。

➢ 掌握建筑专业模型的建模规范和出图规范等。

4.1.1 A1_ZH_AR_3F_带玻璃斜窗平屋顶住宅-180 min

「任务要求」

根据以下要求和给出的图纸(附件4.1.1:A1_ZH_AR_3F_带玻璃斜窗平屋顶住宅图纸)及三维视图(图4.1),利用附件中提供的项目样板文件"BIM_Revit 样板 2021.rte",创建模型和对模型进行应用,最后输出结果。将最终结果以"A1_ZH_AR_3F_带玻璃斜窗平屋顶住宅"为文件名保存。

带玻璃斜窗平屋顶住宅

图 4.1　带玻璃斜窗平屋顶住宅的三维视图

（1）BIM 建模环境设置

设置项目信息：一是项目发布日期：2021 年 1 月 1 日；二是项目编号：2021001-1。

（2）BIM 参数化建模

①根据给出的图纸创建标高、轴网、建筑形体，包括墙、门、窗、屋顶、玻璃斜窗（1200 mm×1200 mm，竖梃为矩形竖梃：30 mm 正方形，对正方式为中心）、楼板、楼梯、洞口（其中，要求门窗尺寸、位置、标记名称正确，楼梯宽度为 1100 mm，未注明的门距墙为 200 mm）。未标明的尺寸和样式不作要求。

②主要建筑构件参数要求见表 4.1、门窗表见附件 4.1.1。

表 4.1　建筑构件参数表

构　件	参　数	构　件	参　数	构　件	参　数
A1_3F 外墙 200 mm	10 mm 墙面装饰_白色刻花	A1_3F 内墙 200 mm	10 mm 墙面装饰_白色刻花	A1_3F 屋顶 150 mm	150 mm 现场浇注混凝土
	180 mm 现场浇注混凝土		180 mm 混凝土		
	10 mm 墙面装饰_白色刻花		10 mm 墙面装饰_白色刻花		
A1_3F 楼板 150 mm	10 mm 陶瓷_日光色	A1_3F 地板 450 mm	10 mm 陶瓷_日光色	GZZ	180 mm×180 mm
	140 mm 现场浇注混凝土		440 mm 现场浇注混凝土		

（3）创建图纸

①创建门窗表，要求包含类型标记、宽度、高度、底高度、合计，并计算总数。

②调整一层平面视图、南立面视图及渲染后的三维视图等视图范围，同时再创建一个楼梯剖面视图和一个楼梯平面详图。

③基于建筑模型对需要出图的首层平面、南立面进行尺寸标注、符号标注（标高符号、门窗编号及其他符号）、样式设定。

④利用视图样板和视图样式控制功能，对平面、立面进行视图样板设定，以保证后面图纸输出的正确性。

⑤渲染表现。在完成后的模型中,创建一个三维相机视图,以表现建筑外观,在 Revit 中对创建的三维视图进行渲染,并保存渲染的结果(保存在 Revit 视图列表中,后续放入图纸中)。

⑥创建图纸。采用项目样板中已经内置的"A2 图纸图框",完善图框中的相应信息,如班级、学生等。把一层平面图(1 个)、三维视图(渲染图)(1 个)、门窗明细表(2 个)布置到一张 A2 图纸中,南立面视图(1 个)、楼梯剖面视图(1 个)、楼梯详图(1 个)布置到一张 A2 图纸中。

(4)模型文件管理

①用"A1_ZH_AR_3F_带玻璃斜窗平屋顶住宅"为项目文件命名,并保存项目。

②将创建的图纸导出为 AutoCAD. DWG 文件,分别命名为"一层平面图和三维视图"和"立面和剖面图"。

「任务解析」

➤ 本案例为平屋顶住宅,建模时需要注意的是室外台阶的绘制可以使用台阶和楼板边工具(推荐使用楼板边工具)。玻璃斜窗屋顶参数设置,网格为 1200 mm×1200 mm,竖梃为 30 mm 正方形,以对正方式为中心。其余部分的建模为常规方式的建模。

➤ 本案例整体比较简单,难点为玻璃斜窗屋顶、台阶和楼梯的绘制。

4.1.2 A2_ZH_AR_3F_带双层露台平屋顶加坡屋顶住宅-180 min

「任务要求」

根据以下要求和给出的图纸(附件 4.1.2:A2_ZH_AR_3F_带双层露台平屋顶加坡屋顶住宅图纸)及三维视图(图 4.2),利用附件中提供的项目样板文件"BIM_Revit 样板 2021. rte",创建模型和对模型进行应用,最后输出结果。最终结果以"A2_ZH_AR_3F_带双层露台平屋顶加坡屋顶住宅"为文件名保存。

图 4.2 带双层露台平屋顶加坡屋顶住宅的三维视图

(1)BIM 建模环境设置

设置项目信息:一是项目发布日期:2021 年 1 月 2 日;二是项目编号:2021001-2。

(2)BIM 参数化建模

①根据给出的图纸创建标高、轴网、建筑形体,包括墙、门、窗、屋顶、楼板、楼梯、洞口(其

中,要求门窗尺寸、位置、标记名称正确,楼梯宽度为 1350 mm,未注明的门距墙边为 200 mm)。未标明的尺寸和样式不作要求。

②主要建筑构件参数要求见表4.2、门窗表见附件4.1.2。

表 4.2 建筑构件参数表

构 件	参 数	构 件	参 数	构 件	参 数
A2_3F 外墙 200 mm	10 mm 墙漆-深青绿色	A2_3F 内墙 200 mm	10 mm 墙漆-深青绿色	A2_3F 屋顶 200 mm	10 mm 西班牙瓷砖-蓝色
	180 mm 混凝土		180 mm 混凝土		
	10 mm 墙漆-深蔚蓝色		10 mm 墙漆-深青绿色		190 mm 混凝土
A2_3F 地板 300 mm	10 mm 陶瓷-1 英寸方形-蓝色马赛克	A2_3F 楼板 150 mm	10 mm 陶瓷-1 英寸方形-蓝色马赛克	GZZ	180 mm×180 mm
	290 mm 混凝土		140 mm 混凝土		

(3)模型视图调整、创建及标注、门窗表创建以及渲染表现

①创建门窗表,要求包含类型标记、宽度、高度、底高度、合计,并计算总数。

②调整二层平面视图、北立面视图及渲染后的三维视图等视图范围,同时再创建一个楼梯剖面视图和一个楼梯平面详图。

③基于建筑模型对需要出图的二层平面、北立面进行尺寸标注、符号标注(标高符号、门窗编号及其他符号)、样式设定。

④利用视图样板及视图样式控制功能,对平面、立面进行视图样板设定,以保证后面图纸输出的正确性。

⑤渲染表现。在完成后的模型中,创建一个三维相机视图,以表现建筑外观,在 Revit 中对创建的三维视图进行渲染,并保存渲染的结果(保存在 Revit 视图列表中,后续放入图纸中)。

⑥创建图纸。采用项目样板中已经内置的"A2 图纸图框",完善图框中的相应信息,如班级、学生等。把二层平面图(1 个)、三维视图(渲染图)(1 个)、门窗明细表(2 个)布置到一张 A2 图纸中,北立面视图(1 个)、楼梯剖面视图(1 个)、楼梯详图(1 个)布置到一张 A2 图纸中。

(4)模型文件管理

①用"A2_ZH_AR_3F_带双层露台平屋顶加坡屋顶住宅"为项目文件命名,并保存项目。

②将创建的图纸导出为 AutoCAD. DWG 文件,分别命名为"二层平面图和三维视图"和"立面和剖面图"。

「任务解析」

➤ 本案例既有坡屋顶,又有平屋顶,整体绘制思路比较简单,需要注意的是小坡屋顶的处理,坡屋顶为迹线屋顶,坡度方向和轮廓如图 4.3 所示,坡屋顶下的墙体需要附着到屋顶。另外,需要注意露台的位置,每一层墙体不相同,不能直接复制,可以单独画,或者复制之后进行调整。

➤ 本案例的难点为坡屋顶的绘制,以及每层露台位置的确认。

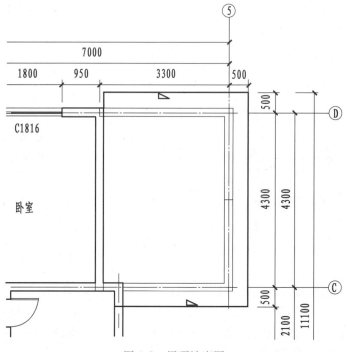

图 4.3 屋顶坡度图

4.1.3 A3_ZH_AR_2F_圆坡屋顶别墅-180 min

「任务要求」

根据以下要求和给出的图纸(附件4.1.3:A3_ZH_AR_3F_圆坡屋顶别墅图纸)及三维视图(图4.4),利用附件中提供的项目样板文件"BIM_Revit 样板 2021.rte",创建模型和对模型进行应用,最后输出结果。最终结果以"A3_ZH_AR_3F_圆坡屋顶别墅"为文件名保存。

图 4.4 圆坡屋顶别墅的三维视图

(1)BIM 建模环境设置

设置项目信息:一是项目发布日期:2021 年 1 月 3 日;二是项目编号:2021001-3。

（2）BIM 参数化建模

①根据给出的图纸创建标高、轴网、建筑形体，包括墙、门、窗、屋顶、玻璃斜窗屋顶（网格布局为 300 mm×300 mm，竖梃选择"矩形竖梃：30 mm 矩形"）、楼板、楼梯（组合楼梯：190 mm 最大踢面 250 mm 梯段，设置两侧梯边梁闭合，50 mm 厚宽度）、栏杆扶手（玻璃嵌板-底部填充）、洞口（其中，要求门窗尺寸、位置、标记名称正确，未注明的门距墙边为 200 mm）。未标明的尺寸和样式不作要求。

②主要建筑构件参数要求见表 4.3、门窗表见附件 4.1.3。

表 4.3　建筑构件参数表

构　件	参　数	构　件	参　数	构　件	参　数
A3_2F 外墙 200 mm	10 mm 砖石-皂石-蓝绿色	A3_2F 内墙 200 mm	10 mm 砖石-皂石-蓝绿色	A3_2F 屋顶 200 mm	200 mm 西班牙瓷砖-蓝色
	180 mm 混凝土		180 mm 混凝土		
	10 mm 墙面装饰-抽象白色		10 mm 砖石-皂石-蓝绿色		
A3_2F 楼板 150 mm	10 mm 石料-粗糙抛光-白色	A3_2F 地板 450 mm	10 mm 石料-粗糙抛光-白色	GZZ	180 mm×180 mm
	140 mm 混凝土		440 mm 混凝土		

（3）模型视图调整、创建及标注、门窗表创建以及渲染表现

①创建门窗表，要求包含类型标记、宽度、高度、底高度、合计，并计算总数。

②调整一层平面视图、南立面视图和渲染后的三维视图等视图范围，同时再创建一个楼梯剖面视图和一个楼梯平面详图。

③基于建筑模型对需要出图的首层平面、南立面进行尺寸标注、符号标注（标高符号、门窗编号及其他符号）、样式设定。

④利用视图样板及视图样式控制功能，对平面、立面进行视图样板设定，以保证后面图纸输出的正确性。

⑤渲染表现。在完成后的模型中，创建一个三维相机视图，以表现建筑外观，在 Revit 中对创建的三维视图进行渲染，并保存渲染的结果（保存在 Revit 视图列表中，后续放入图纸中）。

⑥创建图纸。采用项目样板中已经内置的"A2 图纸图框"，完善图框中的相应信息，如班级、学生等。把一层平面图（1 个）、三维视图（渲染图）（1 个）、门窗明细表（2 个）布置在一张 A2 图纸中，南立面视图（1 个）、楼梯剖面视图（1 个）、楼梯详图（1 个）布置在一张 A2 图纸中。

（4）模型文件管理

①用"A3_ZH_AR_3F_圆坡屋顶别墅"为项目文件命名，并保存项目。

②将创建的图纸导出为 AutoCAD. DWG 文件，分别命名为"一层平面图和三维视图"和"立面和剖面图"。

「任务解析」

➤ 本案例全为坡屋顶建筑,既有普通坡屋顶,又有圆形玻璃斜窗屋顶。普通坡屋顶轮廓和坡度方向如图4.5(a)所示,玻璃斜窗坡屋顶网格间距为300 mm×300 mm,轮廓如图4.5(b)所示。圆形屋顶下弧形墙体的窗户绘制,每个窗户左右距离和上下距离需仔细核对,在弧形墙体内为螺旋楼梯,题目中未对楼梯做严格要求,但是楼梯底部和顶部标高、楼梯半径等需正确设置。室外坡道绘制,需要修改"坡道最大坡度(1/x)"的值,使坡道长度一定时能够到达正确的高度。

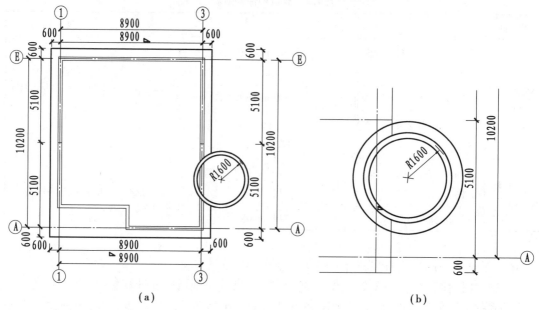

(a)   (b)

图4.5 屋顶坡度图

➤ 本案例的难点为坡屋顶的绘制,另外由于螺旋楼梯的绘制较少,读者也会觉得比较生疏,室外坡道的绘制需要正确设置参数。

4.1.4 A4_ZH_AR_3F_带双层露台坡屋顶别墅-180 min

「任务要求」

根据以下要求和给出的图纸(附件4.1.4:A4_ZH_AR_3F_带双层露台坡屋顶别墅图纸)及三维视图(图4.6),利用附件中提供的项目样板文件"BIM_Revit 样板2021.rte",创建模型和对模型进行应用,最后输出结果。最终结果以"A4_ZH_AR_3F_带双层露台坡屋顶别墅"为文件名保存。

(1)BIM 建模环境设置

设置项目信息:一是项目发布日期:2021 年1月4日;二是项目编号:2021001-4。

(2)BIM 参数化建模

①根据给出的图纸创建标高、轴网、建筑形体,包括墙、门、窗、屋顶、楼板、楼梯、栏杆扶手、洞口(其中,要求门窗尺寸、位置、标记名称正确,楼梯宽度为1 300 mm,未注明的门距墙边为200 mm)。未标明的尺寸和样式不作要求。

图 4.6 带双层露台坡屋顶别墅的三维视图

②主要建筑构件参数要求见表 4.4,门窗表见附件 4.1.4。

表 4.4 建筑构件参数表

构 件	参 数	构 件	参 数
A4_3F 外墙 200 mm	10 mm 墙漆-橙色	A4_3F 内墙 200 mm	10 mm 墙漆-橙色
	180 mm 混凝土		180 mm 混凝土
	10 mm 墙漆-赭色		10 mm 墙漆-橙色
A4_3F 楼板 150 mm/600 mm	10 mm 底板-水磨石-灰白色	A4_3F 屋顶 200 mm	200 mm 屋顶-西班牙瓷砖-红色 2
	140 mm/590 mm 混凝土	GZZ	180 mm×180 mm

（3）模型视图调整、创建及标注、门窗表创建以及渲染表现

①创建门窗表,要求包含类型标记、宽度、高度、底高度、合计,并计算总数。

②调整二层平面视图、北立面视图及渲染后的三维视图等视图范围,同时再创建一个楼梯剖面视图和一个楼梯平面详图。

③基于建筑模型对需要出图的二层平面、北立面进行尺寸标注、符号标注(标高符号、门窗编号及其他符号)、样式设定。

④利用视图样板及视图样式控制功能,对平面、立面进行视图样板设定,以保证后面图纸输出的正确性。

⑤渲染表现。在完成后的模型中,创建一个三维相机视图,以表现建筑外观,在 Revit 中对创建的三维视图进行渲染,并保存渲染的结果(保存在 Revit 视图列表中,后续放入图纸中)。

⑥创建图纸。采用项目样板中已经内置的"A2 图纸图框",完善图框中的相应信息,如班级、学生等。把二层平面图(1 个)、三维视图(渲染图)(1 个)、门窗明细表(2 个)布置到一张 A2 图纸中,北立面视图(1 个)、楼梯剖面视图(1 个)、楼梯详图(1 个)布置到一张 A2 图

纸中。

（4）模型文件管理

①用"A4_ZH_AR_3F_带双层露台坡屋顶别墅"为项目文件命名，并保存项目。

②将创建的图纸导出为 AutoCAD. DWG 文件，分别命名为"二层平面图和三维视图"和"立面和剖面图"。

「任务解析」

➤ 本案例为坡屋顶建筑，与前面几个案例的坡屋顶形式不同的是，它是由两个坡屋顶结合而成的（图4.7），需要用到屋顶连接工具，坡屋顶轮廓和坡度方向如图4.7所示。室外台阶旁的围挡可以使用内建常规模型的方式绘制，比单独做可载入族更简单。其余部分的绘制按照常规方式绘制即可。

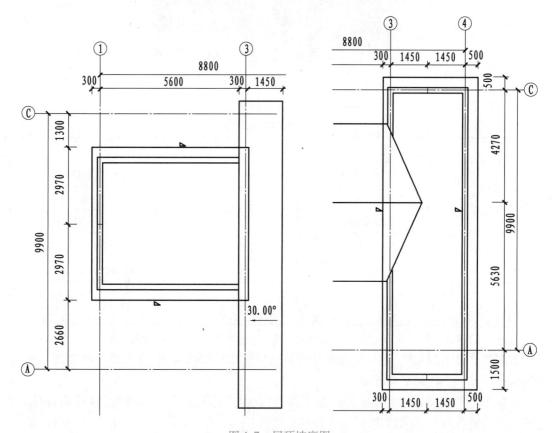

图 4.7 屋顶坡度图

➤ 本案例的难点为坡屋顶绘制和连接，室外台阶旁围挡部分需要用到内建模型，对初学者来说有一定的难度。

4.1.5 A5_ZH_AR_3F_阶梯式坡屋顶别墅-120 min

「任务要求」

根据以下要求和给出的图纸（附件4.1.5：A5_ZH_AR_3F_阶梯式坡屋顶别墅图纸）及三维视图（图4.8），利用附件中提供的项目样板文件"BIM_Revit 样板 2021. rte"，创建模型和对模型进行应用,最后输出结果。最终结果以"A5_ZH_AR_3F_阶梯式坡屋顶别墅"为文件名保存。

图 4.8　阶梯式坡屋顶别墅的三维视图

（1）BIM 建模环境设置

设置项目信息:一是项目发布日期:2021 年 1 月 5 日;二是项目编号:2021001-5。

（2）BIM 参数化建模

①根据给出的图纸创建标高、轴网、建筑形体,包括墙、门、窗、屋顶、楼板、楼梯、洞口(其中,要求门窗尺寸、位置、标记名称正确,楼梯宽度为 1100 mm,未注明的门距墙边为 200 mm)。未标明的尺寸和样式不作要求。

②主要建筑构件参数要求见表 4.5,门窗表见附件 4.1.5。

表 4.5　建筑构件参数表

构　件	参　数	构　件	参　数
A5_3F 外墙 200 mm	10 mm 石料-溪石-蓝色	A5_3F 内墙 200 mm	10 mm 墙面装饰-垂直条纹-蓝灰色
	180 mm 混凝土		180 mm 混凝土
	10 mm 墙面装饰-垂直条纹-蓝灰色		10 mm 墙面装饰-垂直条纹-蓝灰色
A5_3F 外楼板 150 mm/450 mm	10 mm 石料-粗糙抛光-白色	A5_3F 屋顶 200 mm	200 mm 屋顶-西班牙瓷砖
	140 mm/440 mm 混凝土-现场浇注混凝土	GZZ	180 mm×180 mm

（3）模型视图调整、创建及标注、门窗表创建以及渲染表现

①创建门窗表,要求包含类型标记、宽度、高度、底高度、合计,并计算总数。

②调整一层平面视图、南立面视图及渲染后的三维视图等视图范围,同时再创建一个楼梯剖面视图和一个楼梯平面详图。

③基于建筑模型对需要出图的首层平面、南立面进行尺寸标注、符号标注(标高符号、门窗编号及其他符号)、样式设定。

④利用视图样板及视图样式控制功能,对平面、立面进行视图样板设定,以保证后面图纸

输出的正确性。

⑤渲染表现。在完成后的模型中,创建一个三维相机视图,以表现建筑外观,在 Revit 中对创建的三维视图进行渲染,并保存渲染的结果(保存在 Revit 视图列表中,后续放入图纸中)。

⑥创建图纸。采用项目样板中已经内置的"A2 图纸图框",完善图框中的相应信息,如班级、学生等。把一层平面图(1 个)、三维视图(渲染图)(1 个)、门窗明细表(2 个)布置到一张 A2 图纸中,南立面视图(1 个)、楼梯剖面视图(1 个)、楼梯详图(1 个)布置到一张 A2 图纸中。

(4)模型文件管理

①用"A5_ZH_AR_3F_阶梯式坡屋顶别墅"为项目文件命名,并保存项目。

②将创建的图纸导出为 AutoCAD. DWG 文件,分别命名为"一层平面图和三维视图"和"立面和剖面图"。

「任务解析」

➤ 本案例为四坡屋顶,模型体量相对较大且涉及每层的墙体不同。屋顶为两个四坡屋顶,屋顶轮廓和坡度方向如图 4.9 所示。其余部分按照常规方式进行建模即可。

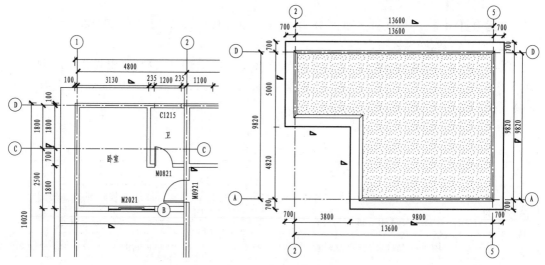

图 4.9　屋顶坡度图

➤ 本案例的难点为坡屋顶绘制,每层墙体并不完全一致,不能直接复制。

4.1.6　A6_ZH_AR_3F_三层平屋顶住宅-90 min

「任务要求」

根据以下要求和给出的图纸(附件 4.1.6:A6_ZH_AR_3F_三层平屋顶住宅图纸)及三维视图(图 4.10),利用附件中提供的项目样板文件"BIM_Revit 样板 2021. rte",创建模型和对模型进行应用,最后输出结果。最终结果以"A6_ZH_AR_3F_三层平屋顶住宅"为文件名保存。

图 4.10 三层平屋顶住宅的三维视图

（1）BIM 建模环境设置

设置项目信息：一是项目发布日期：2021 年 1 月 6 日；二是项目编号：2021001-6。

（2）BIM 参数化建模

①根据给出的图纸创建标高、轴网、建筑形体，包括墙、门、窗、屋顶、楼板、楼梯、洞口（其中，要求门窗尺寸、位置、标记名称正确，未注明的门距墙边为 200 mm）。未标明的尺寸和样式不作要求。

②主要建筑构件参数要求见表 4.6，门窗表见附件 4.1.6。

表 4.6 建筑构件参数表

构 件	参 数	构 件	参 数
A6_3F 外墙 200 mm	10 mm 瓷砖-蓝色-马赛克	A6_3F 内墙 200 mm	10 mm 墙面装饰-壁纸-蓝花
	180 mm 混凝土		180 mm 混凝土砌块
	10 mm 墙面装饰-壁纸-蓝花		10 mm 墙面装饰-壁纸-蓝花
A6_3F 楼板 150 mm/300 mm	10 mm 瓷砖-3 英寸八边形-白色	A6_3F 屋顶 200 mm	200 mm 混凝土-现场浇注混凝土
	140 mm/290 mm 混凝土	GZZ	180 mm×180 mm

（3）模型视图调整、创建及标注、门窗表创建及渲染表现

①创建门窗表，要求包含类型标记、宽度、高度、底高度、合计，并计算总数。

②调整二层平面视图、北立面视图及渲染后的三维视图等视图范围，同时再创建一个楼梯剖面视图和一个楼梯平面详图。

③基于建筑模型对需要出图的二层平面、北立面进行尺寸标注、符号标注（标高符号、门窗编号及其他符号）、样式设定。

④利用视图样板及视图样式控制功能，对平面、立面进行视图样板设定，以保证后面图纸输出的正确性。

⑤渲染表现。在完成后的模型中,创建一个三维相机视图,以表现建筑外观,在 Revit 中对创建的三维视图进行渲染,并保存渲染的结果(保存在 Revit 视图列表中,后续放入图纸中)。

⑥创建图纸。采用项目样板中已经内置的"A2 图纸图框",完善图框中的相应信息,如班级、学生等。把二层平面图(1 个)、三维视图(渲染图)(1 个)、门窗明细表(2 个)布置到一张 A2 图纸中,北立面视图(1 个)、楼梯剖面视图(1 个)、楼梯详图(1 个)布置到一张 A2 图纸中。

(4)模型文件管理

①用"A6_ZH_AR_3F_三层平屋顶住宅"为项目文件命名,并保存项目。

②将创建的图纸导出为 AutoCAD. DWG 文件,分别命名为"二层平面图和三维视图"和"立面和剖面图"。

「任务解析」

➤ 本案例为平屋顶住宅,整体绘制比较简单,都是常规的构件,需要注意楼梯部分,一层至二层为单跑楼梯,二层至三层为双跑楼梯,需仔细看图,准确绘制楼梯的位置,结合楼梯剖面图。

➤ 本案例的难点为楼梯的绘制,有两种类型的楼梯,需要分别绘制。

4.1.7　A7_ZH_AR_3F_L 形露台坡屋顶别墅-110 min

「任务要求」

根据以下要求和给出的图纸(附件 4.1.7:A7_ZH_AR_3F_L 形露台坡屋顶别墅图纸)及三维视图(图 4.11),利用附件中提供的项目样板文件"BIM_Revit 样板 2021. rte",创建模型和对模型进行应用,最后输出结果。最终结果以"A7_ZH_AR_3F_L 形露台坡屋顶别墅"为文件名保存。

图 4.11　L 形露台坡屋顶别墅的三维视图

（1）BIM 建模环境设置

设置项目信息：一是项目发布日期：2021 年 1 月 7 日；二是项目编号：2021001-7。

（2）BIM 参数化建模

①根据给出的图纸创建标高、轴网、建筑形体，包括墙、门、窗、屋顶、楼板、楼梯、栏杆扶手、洞口（其中，要求门窗尺寸、位置、标记名称正确，楼梯宽度为 1200 mm，未注明的门距墙边为 200 mm）。未标明的尺寸和样式不作要求。

②主要建筑构件参数要求见表 4.7，门窗表见附件 4.1.7。

表 4.7　建筑构件参数表

构　件	参　数	构　件	参　数
A7_3F 外墙 200 mm	10 mm 瓷砖-4 英寸方形-米色马赛克	A7_3F 内墙 200 mm	10 mm 墙面装饰-壁纸-几何
	180 mm 混凝土		180 mm 混凝土
	10 mm 墙面装饰-壁纸-几何		10 mm 墙面装饰-壁纸-几何
A7_3F 楼板 150 mm/600 mm	10 mm 瓷砖-3 英寸八边形-白色	A7_3F 屋顶 200 mm	200 mm 屋顶-西班牙瓷砖-红色
	140 mm/590 mm 混凝土	GZZ	180 mm×180 mm

（3）模型视图调整、创建及标注、门窗表创建以及渲染表现

①创建门窗表，要求包含类型标记、宽度、高度、底高度、合计，并计算总数。

②调整一层平面视图、南立面视图及渲染后的三维视图等视图范围，同时再创建一个楼梯剖面视图和一个楼梯平面详图。

③基于建筑模型对需要出图的首层平面、南立面进行尺寸标注、符号标注（标高符号、门窗编号及其他符号）、样式设定。

④利用视图样板及视图样式控制功能，对平面、立面进行视图样板设定，以保证后面图纸输出的正确性。

⑤渲染表现。在完成后的模型中，创建一个三维相机视图，以表现建筑外观，在 Revit 中对创建的三维视图进行渲染，并保存渲染的结果（保存在 Revit 视图列表中，后续放入图纸中）。

⑥创建图纸。采用项目样板中已经内置的"A2 图纸图框"，完善图框中的相应信息，如班级、学生等。把一层平面图（1 个）、三维视图（渲染图）（1 个）、门窗明细表（2 个）布置到一张 A2 图纸中，南立面视图（1 个）、楼梯剖面视图（1 个）、楼梯详图（1 个）布置到一张 A2 图纸中。

（4）模型文件管理

①用"A7_ZH_AR_3F_L 形露台坡屋顶别墅"为项目文件命名，并保存项目。

②将创建的图纸导出为 AutoCAD. DWG 文件，分别命名为"一层平面图和三维视图"和"立面和剖面图"。

「任务解析」

➤ 本案例为坡屋顶，坡屋顶绘制比较简单，整体建筑各层之前的位置关系比较复杂，墙体位置需要仔细核对，准确绘制，绘制方法采用常规绘制方法即可，室外台阶推荐使

用楼板边工具绘制,创建轮廓族,如图4.12所示。

➤ 本案例的难点为每层墙体位置不同,需要每层单独绘制,工作量比较大。

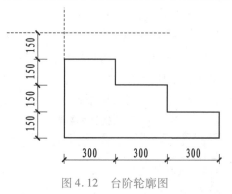

图4.12　台阶轮廓图

4.1.8　A8_ZH_AR_3F_三跑楼梯坡屋顶别墅-100 min

「任务要求」

根据以下要求和给出的图纸(附件4.1.8:A8_ZH_AR_3F_三跑楼梯坡屋顶别墅图纸)及三维视图(图4.13),利用附件中提供的项目样板文件"BIM_Revit 样板 2021. rte",创建模型和对模型进行应用,最后输出结果。最终结果以"A8_ZH_AR_3F_三跑楼梯坡屋顶别墅"的文件名保存。

图4.13　三跑楼梯坡屋顶别墅的三维视图

(1)BIM 建模环境设置

设置项目信息:一是项目发布日期:2021 年 1 月 8 日;二是项目编号:2021001-8。

(2)BIM 参数化建模

①根据给出的图纸创建标高、轴网、建筑形体,包括墙、门、窗、屋顶、楼板、楼梯、洞口(其中,要求门窗尺寸、位置、标记名称正确,楼梯宽度为 1000 mm,未注明的门距墙边为 200 mm)。未标明的尺寸和样式不作要求。

②主要建筑构件参数要求见表4.8,门窗表见附件4.1.8。

表 4.8 建筑构件参数表

构 件	参 数	构 件	参 数
A8_3F 外墙 200 mm	10 mm 石料-小矩形石料-灰色	A8_3F 内墙 200 mm	10 mm 墙面装饰-抽象白色
	180 mm 混凝土		180 mm 混凝土
	10 mm 墙面装饰-抽象白色		10 mm 墙面装饰-抽象白色
A8_3F 板顶 150 mm/450 mm	10 mm 瓷砖-3 英寸八边形-白色	A8_3F 屋顶 200 mm	200 mm 屋顶-西班牙瓷砖-褐色
	140 mm/440 mm 混凝土	GZZ	180 mm×180 mm

（3）模型视图调整、创建及标注、门窗表创建以及渲染表现

①创建门窗表，要求包含类型标记、宽度、高度、底高度、合计，并计算总数。

②调整二层平面视图、北立面视图及渲染后的三维视图等视图范围，同时再创建一个楼梯剖面视图和一个楼梯平面详图。

③基于建筑模型对需要出图的二层平面、北立面进行尺寸标注、符号标注（标高符号、门窗编号及其他符号）、样式设定。

④利用视图样板及视图样式控制功能，对平面、立面进行视图样板设定，以保证后面图纸输出的正确性。

⑤渲染表现。在完成后的模型中，创建一个三维相机视图，以表现建筑外观，在 Revit 中对创建的三维视图进行渲染，并保存渲染的结果（保存在 Revit 视图列表中，后续放入图纸中）。

⑥创建图纸。采用项目样板中已经内置的"A2 图纸图框"，完善图框中的相应信息，如班级、学生等。把二层平面图（1 个）、三维视图（渲染图）（1 个）、门窗明细表（2 个）布置到一张 A2 图纸中，北立面视图（1 个）、楼梯剖面视图（1 个）、楼梯详图（1 个）布置到一张 A2 图纸中。

（4）模型文件管理

①用"A8_ZH_AR_3F_三跑楼梯坡屋顶别墅"为项目文件命名，并保存项目。

②将创建的图纸导出为 AutoCAD. DWG 文件，分别命名为"二层平面图和三维视图"和"立面和剖面图"。

「任务解析」

➤ 本案例为 L 形坡屋顶，对于初学者来说，对坡屋顶的坡度方向把握不准，可以采用对边设置坡度的方式来尝试，并找出规律。本案例坡屋顶轮廓及坡度方向如图 4.14 所示，特别注意的是，图中标出的位置必须断开，靠近①轴部分是没有坡度的，只有靠近Ⓐ轴的部分设置了坡度，这与之前的坡屋顶坡度设置不同。

➤ 本案例的难点为屋顶和游泳池部分的绘制，虽然都是坡屋顶，但是不同形状的坡屋顶，在绘制上有很大的区别，需要读者多练习，总结规律。

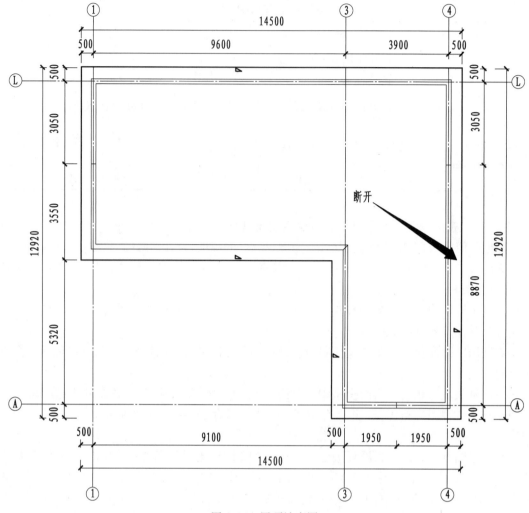

图 4.14　屋顶坡度图

4.1.9　A9_ZH_AR_3F_带坡道飘窗坡屋顶别墅−110 min

「任务要求」

根据以下要求和给出的图纸(附件 4.1.9：A9_ZH_AR_3F_带坡道飘窗坡屋顶别墅图纸)及三维视图(图 4.15)，利用附件中提供的项目样板文件"BIM_Revit 样板 2021.rte"，创建模型和对模型进行应用，最后输出结果。最终结果以"A9_ZH_AR_3F_带坡道飘窗坡屋顶别墅"为文件名保存。

(1)BIM 建模环境设置

设置项目信息：一是项目发布日期：2021 年 1 月 9 日；二是项目编号：2021001-9。

(2)BIM 参数化建模

①根据给出的图纸创建标高、轴网、建筑形体，包括墙、门、窗、屋顶、楼板、楼梯、洞口(其中，要求门窗尺寸、位置、标记名称正确，楼梯宽度为 1 100 mm，未注明的门距墙边为 200

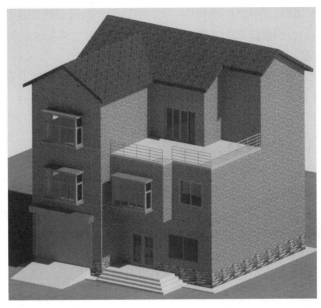

图4.15 带坡道飘窗坡屋顶别墅的三维视图

mm)。未标明的尺寸和样式不作要求。

②主要建筑构件参数要求见表4.9,门窗表见附件4.1.9。

表4.9 建筑构件参数表

构 件	参 数	构 件	参 数
A9_3F 外墙 200 mm	10 mm 瓷砖-1 英寸方形-灰色马赛克	A9_3F 内墙 200 mm	10 mm 墙漆-浅灰色
	180 mm 混凝土		180 mm 混凝土
	10 mm 墙漆-浅灰色		10 mm 墙漆-浅灰色
A9_3F 楼板 150 mm/600 mm	10 mm 地板-水磨石-灰白色	A9_3F 屋顶 200 mm	200 mm 屋顶-西班牙瓷砖-褐色
	140 mm/590 mm 混凝土	GZZ	180 mm×180 mm

(3)模型视图调整、创建及标注、门窗表创建以及渲染表现

①创建门窗表,要求包含类型标记、宽度、高度、底高度、合计,并计算总数。

②调整一层平面视图、南立面视图及渲染后的三维视图等视图范围,同时再创建一个楼梯剖面视图和一个楼梯平面详图。

③基于建筑模型对需要出图的首层平面、南立面进行尺寸标注、符号标注(标高符号、门窗编号及其他符号)、样式设定。

④利用视图样板及视图样式控制功能,对平面、立面进行视图样板设定,以保证后面图纸输出的正确性。

⑤渲染表现。在完成后的模型中,创建一个三维相机视图,以表现建筑外观,在 Revit 中对创建的三维视图进行渲染,并保存渲染的结果(保存于 Revit 视图列表中,后续放入图纸中)。

⑥创建图纸。采用项目样板中已经内置的"A2 图纸图框",完善图框中的相应信息,如班

级、学生等。把一层平面图(1个)、三维视图(渲染图)(1个)、门窗明细表(2个)布置到一张A2图纸中,南立面视图(1个)、楼梯剖面视图(1个)、楼梯详图(1个)布置到一张A2图纸中。

(4)模型文件管理

①用"A9_ZH_AR_3F_带坡道飘窗坡屋顶别墅"为项目文件命名,并保存项目。

②将创建的图纸导出为 AutoCAD. DWG 文件,分别命名为"一层平面图和三维视图"和"立面和剖面图"。

「任务解析」

➤ 本案例同样是一个坡屋顶的案例,与上一个案例不同的是,坡屋顶需要剪切,并不是一个完整的坡屋顶。绘制步骤为先绘制整体屋顶,轮廓和坡度方向设置如图4.16所示,然后使用垂直洞口工具进行剪切。坡道的绘制需要设置坡道最大坡度(1/x)的值,使坡道能够达到指定高度,可设置值为0.000010,小于0.000010的值均可,读者可自行尝试设置大于此值的其他参数。

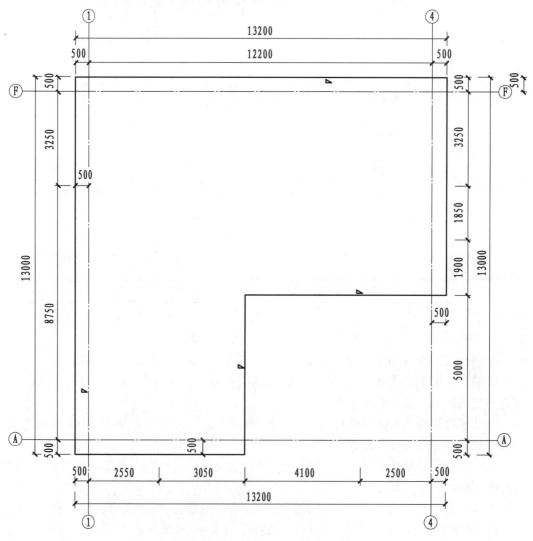

图4.16　屋顶坡度图

➢ 本案例的难点为坡道绘制的参数设置和屋顶绘制时,需要使用垂直洞口剪切,此类案例较少。

4.1.10 A10_ZH_AR_3F_带 L 形露台平屋顶住宅–120 min

「任务要求」

根据以下要求和给出的图纸(附件 4.1.10:A10_ZH_AR_3F_带 L 形露台平屋顶住宅图纸)及三维视图(图 4.17),利用附件中提供的项目样板文件"BIM_Revit 样板 2021.rte",创建模型和对模型进行应用,最后输出结果。最终结果以"A10_ZH_AR_3F_带 L 形露台平屋顶住宅"为文件名保存。

图 4.17 带 L 形露台平屋顶住宅的三维视图

(1)BIM 建模环境设置

设置项目信息:一是项目发布日期:2021 年 1 月 10 日;二是项目编号:2021001-10。

(2)BIM 参数化建模

①根据给出的图纸创建标高、轴网、建筑形体,包括墙、门、窗、屋顶、楼板、楼梯、洞口(其中,要求门窗尺寸、位置、标记名称正确,未注明的门距墙边为 200 mm)。未标明的尺寸和样式不作要求。

②主要建筑构件参数要求见表 4.10,门窗表见附件 4.1.10。

表 4.10 建筑构件参数表

构 件	参 数	构 件	参 数
A10_3F 外墙 200 mm	10 mm 石料-精细抛光-白色	A10_3F 内墙 200 mm	10 mm 墙漆-浅灰色
	180 mm 混凝土		180 mm 混凝土
	10 mm 墙漆-浅灰色		10 mm 墙漆-浅灰色
A10_3F 楼板 150 mm/300 mm	10 mm 地板-水磨石-灰白色	A10_3F 屋顶 150 mm	150 mm 厚混凝土
	140 mm/290 mm 混凝土	GZZ	180 mm×180 mm

（3）模型视图调整、创建及标注、门窗表创建以及渲染表现

①创建门窗表，要求包含类型标记、宽度、高度、底高度、合计，并计算总数。

②调整二层平面视图、北立面视图及渲染后的三维视图等视图范围，同时再创建一个楼梯剖面视图和一个楼梯平面详图。

③基于建筑模型对需要出图的二层平面、北立面进行尺寸标注、符号标注（标高符号、门窗编号及其他符号）、样式设定。

④利用视图样板及视图样式控制功能，对平面、立面进行视图样板设定，以保证后面图纸输出的正确性。

⑤渲染表现。在完成后的模型中，创建一个三维相机视图，以表现建筑外观，在 Revit 中对创建的三维视图进行渲染，并保存渲染的结果（保存于 Revit 视图列表中，后续放入图纸中）。

⑥创建图纸。采用项目样板中已经内置的"A2 图纸图框"，完善图框中的相应信息，如班级、学生等。把二层平面图（1 个）、三维视图（渲染图）（1 个）、门窗明细表（2 个）布置到一张 A2 图纸中，北立面视图（1 个）、楼梯剖面视图（1 个）、楼梯详图（1 个）布置到一张 A2 图纸中。

（4）模型文件管理

①用"A10_ZH_AR_3F_带 L 形露台平屋顶住宅"为项目文件命名，并保存项目。

②将创建的图纸导出为 AutoCAD. DWG 文件，分别命名为"二层平面图和三维视图"和"立面和剖面图"。

「任务解析」

➢ 本案例为带栏杆扶手露台和带女儿墙屋顶的住宅，是常规的建筑模型。本案例中有多处需要绘制栏杆扶手，但是对扶手没有严格要求，只需要绘制即可，其他构件都是常规构件，在前面的案例中都有涉及，在此处不作赘述。

➢ 本案例的难点为各构件之间的空间关系比较复杂，需要仔细查看图纸。

4.1.11　A11_ZH_AR_2F_带天井坡屋顶别墅-110 min

「任务要求」

根据以下要求和给出的图纸（附件 4.1.11：A11_ZH_AR_2F_带天井坡屋顶别墅图纸）及三维视图（图 4.18），利用附件中提供的项目样板文件"BIM_Revit 样板 2021. rte"，创建模型和对模型进行应用，最后输出结果。最终结果以"A11_ZH_AR_2F_带天井坡屋顶别墅"为文件名保存。

（1）BIM 建模环境设置

设置项目信息：一是项目发布日期：2021 年 1 月 11 日；二是项目编号：2021001-11。

（2）BIM 参数化建模

①根据给出的图纸创建标高、轴网、建筑形体，包括墙、门、窗、屋顶、楼板、楼梯、洞口（其中，要求门窗尺寸、位置、标记名称正确，楼梯宽度为 1200 mm，未注明的门距墙边为 200 mm）。未标明的尺寸和样式不作要求。

②主要建筑构件参数要求见表 4.11，门窗表见附件 4.1.11。

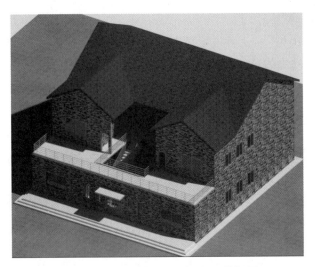

图4.18 带天井坡屋顶别墅的三维视图

表4.11 建筑构件参数表

构 件	参 数	构 件	参 数
A11_2F 外墙 200 mm	10 mm 石料-不均匀的小矩形石料-褐色	A11_2F 内墙 200 mm	10 mm 墙面装饰-浅褐色刻花
	180 mm 混凝土砌块		180 mm 混凝土砌块
	10 mm 墙面装饰-浅褐色刻花		10 mm 墙面装饰-浅褐色刻花
A11_2F 楼板 150 mm/450 mm	10 mm 石料-粗糙抛光-石膏	A11_2F 屋顶 200 mm	200 mm 屋顶-西班牙瓷砖-红色 3
	140 mm/440 mm 混凝土-现场浇注混凝土	GZZ	180 mm×180 mm

（3）模型视图调整、创建及标注、门窗表创建以及渲染表现

①创建门窗表，要求包含类型标记、宽度、高度、底高度、合计，并计算总数。

②调整一层平面视图、南立面视图及渲染后的三维视图等视图范围，同时再创建一个楼梯剖面视图和一个楼梯平面详图。

③基于建筑模型对需要出图的首层平面、南立面进行尺寸标注、符号标注（标高符号、门窗编号及其他符号）、样式设定。

④利用视图样板及视图样式控制功能，对平面、立面进行视图样板设定，以保证后面图纸输出的正确性。

⑤渲染表现。在完成后的模型中，创建一个三维相机视图，以表现建筑外观，在 Revit 中对创建的三维视图进行渲染，并保存渲染的结果（保存于 Revit 视图列表中，后续放入图纸中）。

⑥创建图纸。采用项目样板中已经内置的"A2 图纸图框"，完善图框中的相应信息，如班级、学生等。把一层平面图（1 个）、三维视图（渲染图）（1 个）、门窗明细表（2 个）布置到一张 A2 图纸中，南立面视图（1 个）、楼梯剖面视图（1 个）、楼梯详图（1 个）布置到一张 A2 图纸中。

（4）模型文件管理

①用"A11_ZH_AR_2F_带天井坡屋顶别墅"为项目文件命名，并保存项目。

②将创建的图纸导出为 AutoCAD. DWG 文件，分别命名为"一层平面图和三维视图"和"立面和剖面图"。

「任务解析」

➤ 本案例为坡屋顶别墅模型，在室内和室外都有楼梯从一楼到二楼，室外为单跑楼梯，室内为双跑楼梯，正确设置楼梯参数，楼梯参数需在绘制前设置好，后期修改比较麻烦。坡屋顶绘制和前面的案例有相同之处，坡屋顶轮廓和坡度方向如图 4.19 所示。绘制墙体时注意区分内外墙体，在内部天井处需使用外墙，天井中间有降板，自标高 1F 向下偏移 300 mm。

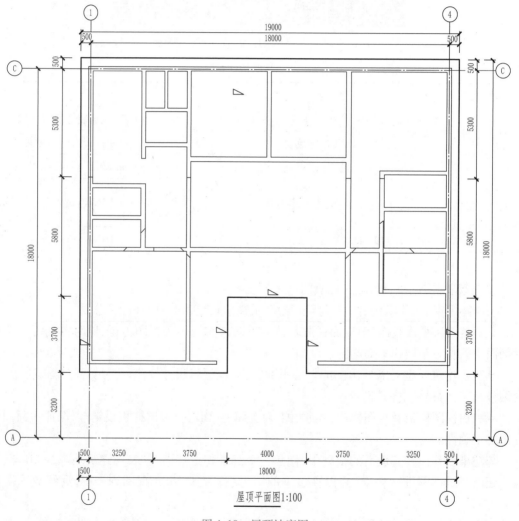

图 4.19 屋顶坡度图

➤ 本案例的难点为屋顶和楼梯的绘制，楼梯较多，要正确设置楼梯参数。

4.1.12 A12_ZH_AR_2F_带庭院坡屋顶别墅-90 min

「任务要求」

根据以下要求和给出的图纸(附件4.1.12：A12_ZH_AR_2F_带庭院坡屋顶别墅图纸)及三维视图(图4.20)，利用附件中提供的项目样板文件"BIM_Revit样板2021.rte"，创建模型和对模型进行应用，最后输出结果。最终结果以"A12_ZH_AR_2F_带庭院坡屋顶别墅"为文件名保存。

图4.20 带庭院坡屋顶别墅的三维视图

(1)BIM建模环境设置

设置项目信息：一是项目发布日期：2021年1月1日；二是项目编号：2021001-12。

(2)BIM参数化建模

①根据给出的图纸创建标高、轴网、建筑形体，包括墙、门、窗、屋顶、楼板、楼梯、洞口(其中，要求门窗尺寸、位置、标记名称正确，楼梯宽度为1100 mm，未注明的门距墙边为200 mm)。未标明的尺寸和样式不作要求。

②主要建筑构件参数要求见表4.12，门窗表见附件4.1.12。

表4.12 建筑构件参数表

构　件	参　数	构　件	参　数
A12_2F 外墙 200 mm	10 mm 石料-溪石-蓝色	A12_2F 内墙 200 mm	10 mm 墙面装饰-白色刻花
	180 mm 混凝土		180 mm 混凝土
	10 mm 墙面装饰-白色刻花		10 mm 墙面装饰-白色刻花
A12_2F 楼板 150 mm/300 mm	10 mm 瓷砖-蓝色-马赛克	A12_2F 屋顶 200 mm	200 mm 瓦片-筒瓦
	140 mm/290 mm 混凝土	GZZ	180 mm×180 mm

(3)模型视图调整、创建及标注、门窗表创建以及渲染表现

①创建门窗表，要求包含类型标记、宽度、高度、底高度、合计，并计算总数。

②调整二层平面视图、北立面视图及渲染后的三维视图等视图范围,同时再创建一个楼梯剖面视图和一个楼梯平面详图。

③基于建筑模型对需要出图的二层平面、北立面进行尺寸标注、符号标注(标高符号、门窗编号及其他符号)、样式设定。

④利用视图样板及视图样式控制功能,对平面、立面进行视图样板设定,以保证后面图纸输出的正确性。

⑤渲染表现。在完成后的模型中,创建一个三维相机视图,以表现建筑外观,在 Revit 中对创建的三维视图进行渲染,并保存渲染的结果(保存于 Revit 视图列表中,后续放入图纸中)。

⑥创建图纸。采用项目样板中已经内置的"A2 图纸图框",完善图框中的相应信息,如班级、学生等。把二层平面图(1 个)、三维视图(渲染图)(1 个)、门窗明细表(2 个)布置到一张 A2 图纸中,北立面视图(1 个)、楼梯剖面视图(1 个)、楼梯详图(1 个)布置到一张 A2 图纸中。

(4)模型文件管理

①用"A12_ZH_AR_2F_带庭院坡屋顶别墅"为项目文件命名,并保存项目。

②将创建的图纸导出为 AutoCAD. DWG 文件,分别命名为"二层平面图和三维视图"和"立面和剖面图"。

「任务解析」

➢ 本案例为常规的坡屋顶,整体比较简单,由于本案例带有庭院且有凸出部分,需要注意内外墙的区分,在绘制时,由于墙体类型不同,需要断开,可选择不同的墙体类型。

➢ 本案例的难点为墙体的空间关系,二楼墙体在大门处有凸出部分。

4.1.13 A13_ZH_AR_2F_带不规则阳台平屋顶住宅-100 min

「任务要求」

根据以下要求和给出的图纸(附件 4.1.13:A13_ZH_AR_2F_带不规则阳台平屋顶住宅图纸)(图 4.21),利用附件中提供的项目样板文件"BIM_Revit 样板 2021. rte",创建模型和对模型进行应用,最后输出结果。最终结果以"A15_ZH_AR_2F_L 形阳台带小院平屋顶住宅"为文件名保存。

(1)BIM 建模环境设置

设置项目信息:一是项目发布日期:2021 年 1 月 13 日;二是项目编号:2021001-13。

(2)BIM 参数化建模

①根据给出的图纸创建标高、轴网、建筑形体,包括墙、门、窗、屋顶、楼板、楼梯、洞口(其中,要求门窗尺寸、位置、标记名称正确,楼梯宽度为 1250 mm,未注明的门距墙边为 200 mm)。未标明的尺寸和样式不作要求。

②主要建筑构件参数要求见表 4.13,门窗表见附件 4.1.13。

图 4.21　带不规则阳台平屋顶住宅的三维视图

表 4.13　建筑构件参数表

构　件	参　数	构　件	参　数
A13_2F 外墙 200 mm	10 mm 瓷砖-马赛克-绿色玫瑰花色	A13_2F 内墙 200 mm	10 mm 墙面装饰-垂直条纹-粉红色-米色
	180 mm 混凝土		180 mm 混凝土
	10 mm 墙面装饰-垂直条纹-粉红色-米色		10 mm 墙面装饰-垂直条纹-粉红色-米色
A13_2F 楼板 150 mm/300 mm	10 mm 瓷砖-3 英寸八边形-白色	A13_2F 屋顶 200 mm	200 mm 混凝土-现场浇注混凝土
	140 mm/290 mm 混凝土	GZZ	180 mm×180 mm

（3）模型视图调整、创建及标注、门窗表创建以及渲染表现

①创建门窗表，要求包含类型标记、宽度、高度、底高度、合计，并计算总数。

②调整一层平面视图、南立面视图及渲染后的三维视图等视图范围，同时再创建一个楼梯剖面视图和一个楼梯平面详图。

③基于建筑模型对需要出图的首层平面、南立面进行尺寸标注、符号标注（标高符号、门窗编号及其他符号）、样式设定。

④利用视图样板及视图样式控制功能，对平面、立面进行视图样板设定，以保证后面图纸输出的正确性。

⑤渲染表现。在完成后的模型中，创建一个三维相机视图，以表现建筑外观，在 Revit 中对创建的三维视图进行渲染，并保存渲染的结果（保存在 Revit 视图列表中，后续放入图纸

中）。

⑥创建图纸。采用项目样板中已经内置的"A2 图纸图框",完善图框中的相应信息,如班级、学生等。把一层平面图(1 个)、三维视图(渲染图)(1 个)、门窗明细表(2 个)布置到一张 A2 图纸中,南立面视图(1 个)、楼梯剖面视图(1 个)、楼梯详图(1 个)布置到一张 A2 图纸中。

(4)模型文件管理

①用"A13_ZH_AR_2F_带不规则阳台平屋顶住宅"为项目文件命名,并保存项目。

②将创建的图纸导出为 AutoCAD. DWG 文件,分别命名为"一层平面图和三维视图"和"立面和剖面图"。

「任务解析」

➢ 本案例为带车库和坡道的平屋顶住宅,有一个阶梯型的露台,在绘制时注意墙体的位置,绘制坡道时需要设置坡道最大坡度($1/x$),本案例设置值为 0. 0001 时,坡道可以到达指定高度,小于这个值的所有值都能满足,读者可自行尝试。本案例在室外设置了路沿、道路,需要绘制地形并进行拆分,设置不同的材质,路沿可使用墙体绘制,当使用墙体时,需要设置墙体在端点包络为"外部"。

➢ 本案例的难点为坡道和室外景观的绘制,在之前的案例中涉及得比较少,读者对此部分会比较生疏。

4.1.14 A14_ZH_AR_3F_带弧形幕墙平屋顶住宅-90 min

「任务要求」

根据以下要求和给出的图纸(附件 4.1.14:A14_ZH_AR_3F_带弧形幕墙平屋顶住宅图纸)及三维视图(图 4.22),利用附件中提供的项目样板文件"BIM_Revit 样板 2021. rte",创建模型和对模型进行应用,最后输出结果。最终结果以"A14_ZH_AR_3F_带弧形幕墙平屋顶住宅"为文件名保存。

图 4.22 带弧形幕墙平屋顶住宅的三维视图

（1）BIM 建模环境设置

设置项目信息:一是项目发布日期:2021 年 1 月 14 日;二是项目编号:2021001-14。

（2）BIM 参数化建模

①根据给出的图纸创建标高、轴网、建筑形体,包括墙、幕墙(网格为 500 mm×500 mm)、门、窗、屋顶、楼板、楼梯、洞口(其中,要求门窗尺寸、位置、标记名称正确,未注明的门距墙边为 200 mm)。未标明的尺寸和样式不作要求。

②主要建筑构件参数要求见表 4.14,门窗表见附件 4.1.14。

表 4.14　建筑构件参数表

构　件	参　数	构　件	参　数
A14_3F 外墙 200 mm	10 mm 瓷砖-1.5 英寸方形-石蓝色	A14_3F 内墙 200 mm	10 mm 墙漆-无光泽象牙白
	180 mm 混凝土		180 mm 混凝土
	10 mm 墙漆-无光泽象牙白		10 mm 墙漆-无光泽象牙白
A14_3F 楼板 150 mm/450 mm	10 mm 瓷砖-6 英寸方形-米色	A14_3F 楼板 200 mm	200 mm 混凝土-现场浇注混凝土
	140 mm/440 mm 混凝土	GZZ	180 mm×180 mm

（3）模型视图调整、创建及标注、门窗表创建以及渲染表现

①创建门窗表,要求包含类型标记、宽度、高度、底高度、合计,并计算总数。

②调整二层平面视图、北立面视图及渲染后的三维视图等视图范围,同时再创建一个楼梯剖面视图和一个楼梯平面详图。

③基于建筑模型对需要出图的二层平面、北立面进行尺寸标注、符号标注(标高符号、门窗编号及其他符号)、样式设定。

④利用视图样板及视图样式控制功能,对平面、立面进行视图样板设定,以保证后面图纸输出的正确性。

⑤渲染表现。在完成后的模型中,创建一个三维相机视图,以表现建筑外观,在 Revit 中对创建的三维视图进行渲染,并保存渲染的结果(保存在 Revit 视图列表中,后续放入图纸中)。

⑥创建图纸。采用项目样板中已经内置的"A2 图纸图框",完善图框中的相应信息,如班级、学生等。把二层平面图(1 个)、三维视图(渲染图)(1 个)、门窗明细表(2 个)布置到一张 A2 图纸中,北立面视图(1 个)、楼梯剖面视图(1 个)、楼梯详图(1 个)布置到一张 A2 图纸中。

（4）模型文件管理

①用"A14_ZH_AR_3F_带弧形幕墙平屋顶住宅"为项目文件命名,并保存项目。

②将创建的图纸导出为 AutoCAD.DWG 文件,分别命名为"二层平面图和三维视图"和"立面和剖面图"。

「任务解析」

➤ 本案例为带有弧形幕墙的平屋顶模型,由于弧形幕墙的上下两端都有普通墙体,可以看出弧形幕墙是嵌在普通墙体中的,先绘制整面弧形普通墙体,由室外地坪至标高3F,然后选择幕墙,设置好幕墙网格间距(必须先设置幕墙网格,没有网格的幕墙是没有办法绘制弧形幕墙的,幕墙网格越小,弧形越圆滑),并勾选"自动嵌入"(不勾选没有办法剪切普通墙体,会出现重叠在一起的现象),绘制时需要拾取普通墙中心线(起点—终点—半径弧,3点都需要拾取在中心线上),绘制同样弧度的幕墙。

➤ 本案例的难点为弧形幕墙的绘制,尤其是嵌在普通墙体中。

4.1.15　A15_ZH_AR_2F_坡屋顶带车库小别墅–180 min

「任务要求」

根据以下要求和给出的图纸(附件4.1.15:A15_ZH_AR_2F_坡屋顶带车库小别墅图纸)及三维视图(图4.23),利用附件中提供的项目样板文件"BIM_Revit 样板 2021. rte",创建模型和对模型进行应用,最后输出结果。最终结果以"A15_ZH_AR_2F_坡屋顶带车库小别墅"为文件名保存。

图4.23　坡屋顶带车库小别墅的三维视图

(1)BIM 建模环境设置

设置项目信息:一是项目发布日期:2021 年 1 月 15 日;二是项目编号:2021001-15。

(2)BIM 参数化建模

①根据给出的图纸创建标高、轴网、建筑形体,包括场地、墙、门、窗、屋顶、楼板、楼梯、洞口(其中,要求门窗尺寸、位置、标记名称正确,楼梯宽度为 1100 mm,未注明的门距墙边为 50 mm)。未标明的尺寸和样式不作要求。

②主要建筑构件参数要求见表4.15,门窗表见附件4.1.15。

表 4.15 建筑构件参数表

构 件	参 数	构 件	参 数
A15_2F 外墙 240 mm	10 mm 褐色瓷砖	A15_2F 内墙 240 mm	5 mm 白色涂料
	230 mm 混凝土砌块		230 mm 混凝土砌块
	10 mm 灰色涂料		5 mm 白色涂料
A15_2F 楼板 150 mm/600 mm	10 mm 砖石-板岩-灰色方形	A15_2F 屋顶 200 mm	200 mm 混凝土
	140 mm/590 mm 混凝土	GZZ	180 mm×180 mm

（3）模型视图调整、创建及标注、门窗表创建以及渲染表现

①创建门窗表，要求包含类型标记、宽度、高度、底高度、合计，并计算总数。

②调整一层平面视图、南立面视图和渲染后的三维视图等视图范围，同时再创建一个楼梯剖面视图和一个楼梯平面详图。

③基于建筑模型对需要出图的首层平面、南立面进行尺寸标注、符号标注（标高符号、门窗编号及其他符号）、样式设定。

④利用视图样板及视图样式控制功能，对平面、立面进行视图样板设定，以保证后面图纸输出的正确性。

⑤渲染表现。在完成后的模型中，创建一个三维相机视图，以表现建筑外观，在 Revit 中对创建的三维视图进行渲染，并保存渲染的结果（保存于 Revit 视图列表中，后续放入图纸中）。

⑥创建图纸。采用项目样板中已经内置的"A2 图纸图框"，完善图框中的相应信息，如班级、学生等。把一层平面图（1 个）、三维视图（渲染图）（1 个）、门窗明细表（2 个）布置到一张A2 图纸中，南立面视图（1 个）、楼梯剖面视图（1 个）、楼梯详图（1 个）布置到一张 A2 图纸中。

（4）模型文件管理

①用"A15_ZH_AR_2F_坡屋顶带车库小别墅"为项目文件命名，并保存项目。

②将创建的图纸导出为 AutoCAD. DWG 文件，分别命名为"一层平面图和三维视图"和"立面和剖面图"。

「任务解析」

➤ 本案例的绘制思路，在绘制屋顶时需要考虑坡度方向（图 4.24），另有两面幕墙的绘制，需要注意幕墙的网格间距、门口的装饰柱，没有给定具体尺寸的，读者可根据三维视图自行绘制。其余构件采用常规绘制方法即可。

➤ 本案例的难点为两个屋顶的绘制。

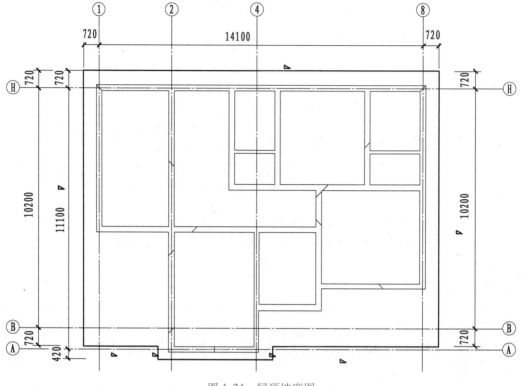

图 4.24　屋顶坡度图

「本节实训总结」

➤ 本节初级综合案例,在建模上整体不难,但内容较多,需要花费的时间比较长,读者需耐心进行练习,提高建模速度和建模水平。

➤ 本节重点在于对各个建筑构件的练习,不同的综合案例考查的侧重点不同,例如,建筑弧形幕墙、坡屋顶、栏杆扶手、楼梯、坡道等。看图时,需要注意中空、凸出的部分。

4.2　中级案例

「本节实训要点」

➤ 本节为中级综合案例,一共有10个模型(5套案例),编号为B1,B2,B3,B4,B5,包含了建筑和结构2个专业模型,这对读者的综合要求较高,但是读者也可以选择单专业进行练习,5套综合案例单专业是相对独立的。

➤ 本节就单专业而言,与综合建模初级案例相比,也更加复杂,如建筑模型,建筑体量更大、造型更复杂,在一定程度上增加了难度。

「本节实训目标」

➤ 掌握复杂单专业模型的创建。

➤ 掌握各专业之间的协调。

4.2.1 B1_ZH_AR_3F_带幕墙综合楼-180 min

「任务要求」

根据以下要求和给出的图纸(附件4.2.1:B1_ZH_AR_3F_带幕墙综合楼图纸)及三维视图(图4.25)完成模型创建,然后利用创建的 BIM 模型进行相关的 BIM 应用,包括模型标注、渲染和出图,最后输出结果。最终结果以"B1_ZH_AR_3F_带幕墙综合楼"为文件名保存,同时存放 Revit 原始文件。具体要求如下:

(1)样板使用及基准确定

①利用提供的项目样板"BIM_Revit 样板 2021. rte",创建新的项目文件,并保存为"B1_ZH_AR_3F_带幕墙综合楼.rvt"。

②先创建标高和轴网,创建完成后作为后续创建模型的定位基础。

(2)主体模型的创建

①创建墙体,外墙和内墙采用基本墙,类型名称分别为"外墙面-浅灰色纸皮砖-200 mm"(外墙结构层为 190 mm 厚浅灰色纸皮砖,外墙内墙面为 10 mm 厚砂浆)与"内墙-普通墙体-200 mm"(内墙面层为 10 mm 厚石膏墙板,结构层为 180 mm 厚金属立筋龙骨层)。

②创建幕墙,外墙面上的窗及大门采用幕墙的方式创建,幕墙竖梃均为"矩形竖梃 50 mm×150 mm"。幕墙嵌板尺寸根据图纸确定。

③创建其余门窗,门窗尺寸、定位需按图纸标注创建,类型名称按门窗标注,如标注为"M1021",则门类型名称为"M1021"。

④创建楼梯,建筑楼梯采用组合楼梯,楼梯名称命名为"建筑楼梯_面砖_280 mm×160 mm-50 mm",包含梯段(梯段踏板厚度为 50 mm,踢面厚度为 20 mm)、休息平台(平台类型为"非整体平台")与栏杆扶手,楼梯尺寸、定位需查阅图纸信息按图创建。

⑤创建一层地坪,楼板边界采用外墙外边缘,楼板材质为"800 mm×800 mm 地砖"。

⑥创建其余楼板,楼板类型采用"常规-50 mm"创建,楼板边界采用外墙外边缘,注意楼梯之间的位置应开洞。

⑦创建室外台阶坡道,使用结构楼板或配合使用楼板边缘,尺寸、定位需查阅图纸信息按图创建。

⑧创建女儿墙,采用基本墙,创建类型名称为"外墙面-浅灰色纸皮砖-200 mm",高度尺寸需查阅图纸信息。

⑨利用场地命令创建地形,室外标高为-0.45 m。

⑩创建其余构件,要求中未明确规定的构件,根据图纸信息进行创建,自定义类型和名称。

(3)结构模型的整合(结构模型,根据 4.2.6 节进行创建,若未创建结构模型,可跳过此项,直接进入第(4)项)

连接结构模型:将结构模型按原点到原点的方式连接到建筑模型中。

(4)渲染表现

①在完成后的模型中,创建一个三维相机视图,以表现建筑外观。

②在 Revit 中对创建的三维视图进行渲染。

③对渲染的结果进行保存(保存在 Revit 视图列表中,后续放入图纸中)。

（5）模型视图调整、创建及标注以及门窗表创建

①调整1,2,3层平面视图（任选其一）、立面视图（任选其一）及渲染后的三维视图的视图范围等，同时再创建一个楼梯剖面视图。

②基于建筑模型，对需要出图的平面、立面进行尺寸标注、符号标注（标高符号、门窗编号及其他符号）、样式设定等。

③利用视图样板，对平面、立面进行视图样板设定，以保证后面图纸输出的正确性。

④利用明细表功能统计门窗表，要求包括类型标记、宽度、高度、合计等字段，相同类型标记的门窗需进行合并，并计算总数。

（6）图纸布置

①创建图纸，采用项目样板中已经内置的"A2图纸图框"。

②把平面视图（1个）、立面视图（1个）、剖面视图、三维视图（渲染图）及门窗表布置到一张A2图纸中。

图4.25　带幕墙综合楼的三维视图

「任务解析」

➢ 本案例为综合楼建筑，对读者的综合能力要求较高，绘制体量相对较大。

➢ 本案例绘制难度最大的为外立面的绘制，外立面需要绘制多个幕墙（作为窗的功能），幕墙网格的手动划分，幕墙门窗的绘制（与普通门窗不同），这需要读者熟练掌握幕墙的绘制才能完成本案例的模型创建。

➢ 本案例每一层的内部墙体空间关系并不相同，最好是每层单独绘制，外立面可采取复制的方式绘制。

➢ 绘制楼梯时需要注意，本案例只要求绘制楼梯面层，楼梯结构部分在4.2.6节中创建。

➢ 本案例的另一个难点为出入口处的雨篷绘制，但是在绘制中未明确要求，读者只需根据图纸基本绘制完成即可。

4.2.2 B2_ZH_AR_2F_T 字形综合楼-90 min

「任务要求」

根据以下要求和给出的图纸(附件 4.2.2:B2_ZH_AR_3F_T 字形综合楼图纸)及三维视图(图 4.26)完成模型创建,然后利用创建的 BIM 模型进行相关的 BIM 应用,包括模型标注、渲染与出图。输出结果,最终结果以"B2_ZH_AR_3F_T 字形综合楼"为文件名保存,同时存放 Revit 原始文件。具体要求如下:

(1)样板使用及基准确定

①利用提供的项目样板"BIM_Revit 样板 2021.rte",创建新的项目文件,并保存为"B2_ZH_AR_3F_T 字形综合楼.rvt"。

②先创建标高和轴网,创建完成后作为后续创建模型的定位基础。

(2)主体模型的创建

①创建墙体,外墙与内墙均采用基本墙,类型名称分别为"外墙-砖墙-空心砖-200 mm"(外墙构造层从里至外依次为 5 mm 厚水泥砂浆,190 mm 厚砌体-空心砖,5 mm 厚涂料-宝石蓝)与"内墙-砖墙-空心砖-200 mm"(内墙构造层由里至外依次为 5 mm 厚水泥砂浆,190 mm 厚砌体-空心砖,5 mm 厚水泥砂浆)。

②创建墙饰条,外墙面上的装饰构造按图纸尺寸创建,材质为"涂料-橙色"。

③创建门窗,门窗尺寸参照图纸中的门窗表、定位需按图纸标注创建,类型名称按门窗标注,如标注为"M1021",则门类型名称为"M1021"。

④创建楼梯,建筑楼梯采用整体浇筑楼梯,楼梯名称命名为"整体浇筑-办公",包括梯段、休息平台与栏杆扶手,楼梯尺寸、定位需查阅图纸信息按图创建。

⑤创建一层地坪,楼板边界采用外墙外边缘。

⑥创建其余楼板,楼板类型采用"常规-100 mm"创建,楼板边界采用外墙内边缘,注意楼梯之间的位置应开洞。

⑦创建室外台阶坡道,使用结构楼板或配合,使用楼板边缘,尺寸、定位需查阅图纸信息按图创建。

⑧创建女儿墙,采用基本墙,创建类型名称为"外墙-砖墙-空心砖-200 mm",高度尺寸需查阅图纸信息。

⑨利用场地命令创建地形,室外标高为-0.45 m。

⑩创建其余构件,要求中未明确规定的构件,根据图纸信息进行创建,自定义类型和名称。

(3)结构模型的整合(结构模型,根据 4.2.7 节进行创建,若未创建结构模型,可跳过此项,直接进入第(4)项)

①连接结构模型:将结构模型按原点到原点的方式连接到建筑模型中。

②碰撞检查,检查建筑模型和结构模型的碰撞问题,并导出碰撞结果,将其保存在成果文件中。

(4)渲染表现

①在完成后的模型中,创建一个三维相机视图,以表现建筑外观。

②在 Revit 中对创建的三维视图进行渲染。

③对渲染的结果进行保存(保存在 Revit 视图列表中,后续放入图纸中)。

(5)模型视图调整、创建及标注以及门窗表创建

①调整首层或二层平面视图(任选其一)、立面视图(任选其一)及渲染后的三维视图的视图范围等,同时再创建一个楼梯剖面视图。

②基于建筑模型对需要出图的平面、立面进行尺寸标注、符号标注(标高符号、门窗编号及其他符号)及样式设定。

③利用视图样板,对平面、立面进行视图样板的设定,以保证后面图纸输出的正确性。

④利用明细表功能统计门窗表,要求包括类型标记、宽度、高度、合计等字段,相同类型标记的门窗需进行合并,并计算总数。

(6)图纸布置

①创建图纸,采用项目样板中已经内置的"A2 图纸图框"。

②把平面视图(1 个)、立面视图(1 个)、剖面视图、三维视图(渲染图)及门窗表布置到一张 A2 图纸中(可修改图框的大小)。

图 4.26　T 字型综合楼的三维视图

「任务解析」

➢ 本案例为 T 字形综合楼,整体结构相对简单,构件基本为常规构件。

➢ 在绘制外墙面上的装饰线条时,有两种常规方式可供选择:第一种方式采用内建模型,使用放样绘制;第二种方式为墙饰条工具,先使用轮廓族创建装饰线条的断面轮廓,然后使用墙饰条工具绘制。两种方式都属于常规的方法,读者可以尝试采用不同的方法进行绘制。

➢ 本案例的难点为外墙面上的窗户和装饰线条的绘制。

4.2.3　B3_ZH_AR_3F_带弧形幕墙办公楼-90 min

「任务要求」

根据以下要求和给出的图纸(附件 4.2.3:B3_ZH_AR_3F_带弧形幕墙办公楼图纸)及三维视图(图 4.27)完成模型的创建,然后利用创建的 BIM 模型进行相关的 BIM 应用,包括模型标注、渲染与出图。输出结果文件,最终结果以"B3_ZH_AR_3F_带弧形幕墙办公楼"为文件

名保存,同时存放 Revit 原始文件。具体要求如下:

(1)样板使用及基准确定

①利用提供的项目样板"BIM_Revit 样板 2021. rte",创建新的项目文件,并保存为"B3_ZH_AR_3F-带弧形幕墙办公楼. rvt"。

②先创建标高和轴网,创建完成后作为后续创建模型的定位基础。

(2)主体模型的创建

①创建墙体,外墙与内墙均采用基本墙,类型名称分别为"外墙-基本墙-200 mm"与"内墙-基本墙-200 mm"(墙体材质自定义)。

②创建幕墙,幕墙网格为 800 mm×1000 mm,幕墙竖梃均为"矩形竖梃 20 mm×20 mm"。

③创建门窗,门窗尺寸参照图纸中的门窗表、定位需按图纸标注创建,类型名称按门窗标注,如标注为"M1021",则门类型名称为"M1021"。

④创建楼梯,建筑楼梯采用整体浇筑楼梯,楼梯名称命名为"整体浇筑-办公",包括梯段、休息平台与栏杆扶手,楼梯尺寸、定位需查阅图纸信息按图创建。

⑤创建一层地坪,楼板边界采用外墙外边缘。

⑥创建其余楼板,楼板类型采用"常规-100 mm"创建,楼板边界采用外墙内边缘,注意楼梯之间的位置应开洞。

⑦创建室外台阶,使用结构楼板或配合,使用楼板边缘,尺寸、定位需查阅图纸信息按图创建。

⑧创建女儿墙,采用基本墙,创建类型名称为"外墙-基本墙-200 mm",高度尺寸需查阅图纸信息。

⑨利用场地命令创建地形,室外标高为-0.45 m。

⑩创建其余构件,要求中未明确规定的构件,根据图纸信息进行创建,自定义类型和名称。

(3)结构模型的整合(结构模型根据4.2.8 进行创建,若未创建结构模型,可跳过此项,直接进入第(4)项)

①连接结构模型:将结构模型按原点到原点的方式连接到建筑模型中。

②碰撞检查,检查建筑模型和结构模型的碰撞问题,并导出碰撞结果,将其保存在成果文件中。

(4)渲染表现

①在完成后的模型中,创建一个三维相机视图,以表现建筑外观。

②在 Revit 中对创建的三维视图进行渲染。

③对渲染的结果进行保存(保存在 Revit 视图列表中,后续放入图纸中)。

(5)模型视图调整、创建及标注以及门窗表创建

①调整 1,2,3 层平面视图(任选其一)、立面视图(任选其一)及渲染后的三维视图的视图范围等,同时再创建一个楼梯剖面视图。

②基于建筑模型对需要出图的平面、立面进行尺寸标注、符号标注(标高符号、门窗编号及其他符号)及样式设定。

③利用视图样板,对平面、立面进行视图样板的设定,以保证后面图纸输出的正确性。

④利用明细表功能统计门窗表,要求包括类型标记、宽度、高度、合计等字段,相同类型标

记的门窗需进行合并,并计算总数。

（6）图纸布置

①创建图纸,采用项目样板中已经内置的"A2 图纸图框"。

②把平面视图(1 个)、立面视图(1 个)、剖面视图、三维视图(渲染图)及门窗表布置到一张 A2 图纸中(可修改图框的大小)。

图 4.27　带弧形幕墙办公楼的三维视图

「任务解析」

➤ 本案例为办公楼模型,包括普通幕墙和弧形幕墙,其余部分的绘制按照常规的方式绘制即可,每层墙体及布局基本相同,将一层绘制好后,可选择复制,与选定标高对齐的方式绘制二层和三层墙体及门窗,再进行局部调整即可。

➤ 幕墙部分绘制需要注意幕墙网格尺寸、竖梃的类型和尺寸,南立面的幕墙是由水平幕墙和弧形幕墙组成的,先绘制③轴和④轴之间的幕墙,然后将这部分幕墙镜像至⑤轴和⑥轴之间。幕墙的底部约束为一层,顶部约束为屋面,即直接从一层绘制顶层,在每层之间并不断开,这样能保持幕墙的连续性,使其更加美观。

➤ 门口的台阶部分推荐使用楼板边工具绘制。

4.2.4　B4_ZH_AR_2F_综合办公楼-120 min

「任务要求」

根据以下要求和给出的图纸(附件 4.2.4:B4_ZH_AR_2F_综合办公楼图纸)及三维视图(图 4.28)完成模型的创建,然后利用创建的 BIM 模型进行相关的 BIM 应用,包括模型标注、渲染与出图。输出结果文件,最终结果以"B4_ZH_AR_2F_综合办公楼"为文件名保存,同时存放 Revit 原始文件。具体要求如下:

（1）样板使用及基准确定

①利用提供的项目样板"BIM_Revit 样板 2021. rte",创建新的项目文件,并保存为"B4_ZH_AR_2F_综合办公楼.rvt"。

②先创建标高和轴网,创建完成后作为后续创建模型的定位基础。

（2）主体模型的创建

①创建墙体，外墙与内墙采用基本墙，类型名称分别为"外部-砖墙-普通砖200 mm"与"内部-砖墙-普通砖200 mm"。

②创建门窗，门窗尺寸、定位需按图纸标注创建，类型名称按门窗标注，如标注为"M1021"，则门类型名称为"M1021"。

③创建楼梯，楼梯采用名称为"整体浇筑楼梯-办公"创建，包括梯段、休息平台与栏杆扶手，楼梯尺寸、定位需查阅图纸信息按图创建。

④创建一层地坪，楼板边界采用外墙外边缘。

⑤创建二层楼板，楼板类型采用"常规-100 mm"创建，楼板边界采用外墙外边缘，注意楼梯之间的位置应开洞。

⑥创建室外台阶，使用结构楼板或配合使用楼板边缘，尺寸、定位需查阅图纸信息按图创建。

⑦创建栏杆，基于默认栏杆类型新建栏杆类型并修改栏杆高度为1100 mm。

⑧创建女儿墙，采用基本墙，创建类型名称为"外部-砖墙-普通砖200 mm"，高度尺寸需查阅图纸信息。

⑨创建顶层楼板，楼板边界采用外墙外边缘。

⑩利用场地命令创建地形，室外标高为-0.3 m。

⑪创建其余构件，要求中未明确规定的构件，根据图纸信息进行创建，自定义类型和名称。

（3）结构模型的整合（结构模型，根据4.2.9节进行创建，若未创建结构模型，可跳过此项，直接进入第（4）项）

连接结构模型：将结构模型结构按原点到原点的方式连接到建筑模型中。

（4）渲染表现

①在完成后的模型中，创建一个三维相机视图，以表现建筑外观。

②在Revit中对创建的三维视图进行渲染。

③对渲染的结果进行保存（保存在Revit视图列表中，后续放入图纸中）。

（5）模型视图调整、创建及标注以及门窗表创建

①调整首层或者二层平面视图（任选其一）、前后立面视图（任选其一）及渲染后的三维视图的视图范围等，同时再创建一个剖面视图。

②基于建筑模型对需要出图的首层或二层平面、前或后立面进行尺寸标注、符号标注（标高符号、门窗编号及其他符号）、样式设定。

③利用视图样板，对平面、立面进行视图样板设定，以保证后面图纸输出的正确性。

④利用明细表功能统计门窗表，要求包含类型标记、宽度、高度、合计等字段，相同类型标记的门窗需进行合并，并计算总数。

（6）图纸布置

①创建图纸，采用项目样板中已经内置的"A2图纸图框"。

②把首层或者二层平面（1个）、前或者后立面（1个）、剖面视图（1个）、三维视图（渲染图）（1个）及门窗表布置到一张A2图纸中。

图 4.28　综合办公楼的三维视图

「任务解析」

➤ 本案例为综合办公楼,各建筑构件的绘制都比较常规,但需要注意的是提供了项目样板文件,切忌不能直接在样板文件上进行模型创建,需要新建项目,选择提供的样板文件。

➤ 在连接结构模型时主要检查是否正常对位,此时注意在连接前后各保存一次正在绘制的项目文件,防止在连接过程中出现问题。

4.2.5　B5_ZH_AR_2F_配送调度综合楼-180 min

「任务要求」

根据以下要求和给出的图纸(附件 4.2.5:B5_ZH_AR_2F_配送调度综合楼图纸)及三维视图(图 4.29)完成模型的创建,然后利用创建的 BIM 模型进行相关的 BIM 应用,包括模型标注、渲染与出图。输出结果文件,最终结果以"B5_ZH_AR_2F_配送调度综合楼"为文件名保存,同时存放 Revit 原始文件。具体要求如下:

(1)样板使用及基准确定

①利用提供的项目样板"BIM_Revit 样板 2021. rte",创建新的项目文件,并保存为"B5_ZH_AR_2F_配送调度综合楼.rvt"。

②先创建标高和轴网,创建完成后作为后续创建模型的定位基础。

(2)主体模型的创建

①创建墙体,外墙与内墙均采用基本墙,类型名称分别为"外墙-混凝土砌块-200 mm"与"内墙-混凝土砌块-200 mm"(内外墙体构造层从里至外依次为 10 mm 厚涂料-黄色,180 mm 厚混凝土砌块,10 mm 厚涂料黄色)。

②创建门窗,门窗尺寸参照图纸中门窗表、定位需按图纸标注创建,类型名称按门窗标注,如标注为"M1021",则门类型名称为"M1021"。

③创建楼梯,建筑楼梯采用整体浇筑楼梯,楼梯名称命名为"整体浇筑-办公",包括梯段、休息平台与栏杆扶手,楼梯尺寸、定位需查阅图纸信息按图创建。

④创建一层地坪,楼板边界采用外墙外边缘。

图4.29 配送调度综合楼的三维视图

⑤创建其余楼板,楼板类型采用"常规-100 mm"创建,楼板边界采用外墙内边缘,注意楼梯之间的位置应开洞。

⑥创建室外台阶,使用结构楼板或配合使用楼板边缘,尺寸、定位需查阅图纸信息按图创建。

⑦创建女儿墙,采用基本墙,创建类型名称为"外墙-混凝土砌块-200 mm",高度尺寸需查阅图纸信息。

⑧利用场地命令创建地形,室外标高为-0.3 m。

⑨创建其余构件,要求中未明确规定的构件,根据图纸信息进行创建,自定义类型和名称。

(3)结构模型整合(结构模型,根据4.2.10节进行创建,若未创建结构模型,可跳过此项,直接进入第(4)项)

①连接结构模型:将结构模型按原点到原点的方式连接到建筑模型中。

②碰撞检查,检查建筑模型和结构模型的碰撞问题,并导出碰撞结果,保存在成果文件中。

(4)渲染表现

①在完成后的模型中,创建一个三维相机视图,以表现建筑外观。

②在Revit中对创建的三维视图进行渲染。

③对渲染的结果进行保存(保存在Revit视图列表中,后续放入图纸中)。

(5)模型视图调整、创建及标注以及门窗表创建

①调整首层或二层平面视图(任选其一)、立面视图(任选其一)及渲染后的三维视图的视图范围等,同时再创建一个楼梯剖面视图。

②基于建筑模型对需要出图的平面、立面进行尺寸标注、符号标注(标高符号、门窗编号及其他符号)、样式设定。

③利用视图样板,对平面、立面进行视图样板设定,以保证后面图纸输出的正确性。

④利用明细表功能统计门窗表,要求包括类型标记、宽度、高度、合计等字段,相同类型标记的门窗需进行合并,并计算总数。

(6)图纸布置

①创建图纸,采用项目样板中已经内置的"A2图纸图框"。

②把平面视图(1个)、立面视图(1个)、剖面视图、三维视图(渲染图)及门窗表布置到一张A2图纸中(可修改图框的大小)。

「任务解析」

➤ 本案例为一个综合调度楼模型,整体模型比较复杂,涉及面广,如排水沟、散水、装饰线条等。本案例结构和建筑关系密切,和前面4套案例不同的是,前面的案例中建筑和结构相对独立,如楼板在结构和建筑中都表达了,目的在于方便读者,若只想练习单专业,则无问题,但是本案例在结构中表达的构件,在建筑中就不再表达,墙体也只到柱边、梁下。

➤ 本案例是通过实际的项目简化得到的,基本保留了项目中的所有构件。因此,读者在使用本案例时,应先绘制结构(结构见4.2.10节),结构图中的所有构件绘制完成后,在绘制建筑时,在结构中已经绘制的,在建筑中就不需要重复绘制。

➤ 本案例中排水沟可以使用内建模型绘制,或者使用族的方式绘制,散水可以使用内建模型、族或者墙饰条的方式绘制,读者可尝试不同的方法,找到适合自己的建模方式,这里推荐使用墙饰条或者内建模型。

➤ 本案例的难点为构件复杂,特殊构件较多,需要读者通过族或者内建模型的方式建模。

4.2.6 B1_ZH_STR_3F_带幕墙综合楼−180 min

「任务要求」

根据以下要求和给出的图纸(附件4.2.6:B1_ZH_STR_3F_带幕墙综合楼图纸)及三维视图(图4.30)完成模型的创建,然后利用创建的BIM模型进行相关的BIM应用,包括模型标注与出图。输出结果文件,最终结果以"B1_ZH_STR_3F_带幕墙综合楼.rvt"为文件名保存,同时存放Revit原始文件。具体要求如下:

(1)样板使用及基准确定

①利用提供的项目样板"BIM_Revit样板_结构2021.rte",创建新的项目文件,并保存为"B1_ZH_STR_3F_带幕墙综合楼.rvt"。

②先创建标高和轴网,创建完成后作为后续创建模型的定位基础。

(2)主体模型的创建

建立整体结构模型,包括基础、柱、梁、楼板、楼梯等,其中柱包括钢柱、混凝土柱,梁包括钢梁、混凝土梁,楼梯为钢-混凝土组合楼梯。其中,桩基础混凝土等级为C25,承台、基础梁混凝土等级为C30,楼板混凝土等级为C25。

(3)模型视图调整、创建及标注

①创建基础平面图、钢柱平面图、二层梁平面图或三层梁平面图(任选其一)、GKJ-1~GKJ-4结构立面布置图(任选其一),对基础、柱、梁进行编号、尺寸标注,可参考给定图纸样式进行标注。

②利用视图样板,对平面、剖面进行视图样板设定,以保证后面图纸输出的正确性。

(4)明细表的创建

利用明细表功能统计混凝土梁用量明细表,要求包括类型名称、宽度、高度、合计等字段,相同类型名称的混凝土需进行合并并计算总数。

（5）图纸布置

①创建图纸，采用项目样板中已经内置的"A2+1/2图框结施"与"A2图框结施"。

②把基础平面图，钢柱平面图分别布置到两张"A2+1/2图框结施"图纸中。

③把梁平面图与混凝土梁用量明细表布置到一张"A2+1/2图框结施"图纸中。

④把GKJ-＊结构立面布置图布置到一张"A2图框结施"图纸中。

⑤正确填写各图纸图框中的信息，包括项目名称、项目编号、班级、学生姓名等。

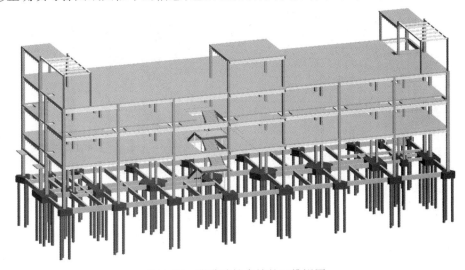

图4.30　带幕墙综合楼的三维视图

「任务解析」

➤ 本案例为综合楼结构，分为钢结构和混凝土结构两个部分，对读者的综合能力要求较高，绘制体量相对较大，细节处理要求较高。

➤ 绘制基础时，按照给出的基础尺寸图，创建桩基础与承台，桩基础和承台可做成一个族，在绘制基础时，定位更简单，如果桩和承台为分开的两个族，在绘制时可根据承台编号将其成组，方便批量复制、选择及修改，提高建模效率。

➤ 绘制梁时，注意梁标注、跨数，各跨之间的梁应断开绘制，不可拉通绘制。特别是绘制钢梁时，注意区分各层钢梁尺寸，并在建模时合理命名其类型名称。

➤ 绘制柱时，注意柱的标高和尺寸定位。

➤ 绘制楼梯时，分析楼梯构造，正确设置楼梯各参数。

➤ 本案例的难点在于其包含了大量钢结构，尤其是钢结构梁各层尺寸有所区别，需反复设置各类参数，钢-混凝土楼梯参数设置也需要读者注意。

4.2.7　B2_ZH_STR_2F_T字形综合楼-100 min

「任务要求」

根据以下要求和给出的图纸（附件4.2.7：B2_ZH_STR_2F_T字形综合楼图纸）及三维视图（图4.31）完成模型的创建，然后利用创建的BIM模型进行相关的BIM应用，包括模型标注与出图。输出结果文件,最终结果以"B2_ZH_STR_2F_T字形综合楼.rvt"为文件名保存,同时存放 Revit 原始文件。具体要求如下:

(1)样板使用及基准确定

①利用提供的项目样板"BIM_Revit 样板_结构 2021.rte",创建新的项目文件,并保存为"B2_ZH_STR_2F_T字形综合楼.rvt"。

②先创建标高和轴网,创建完成后作为后续创建模型的定位基础。

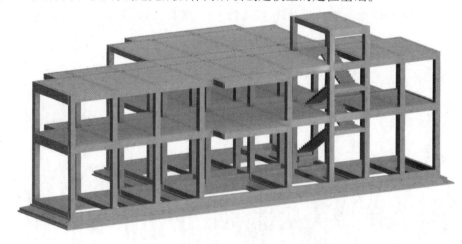

图 4.31 T 字型综合楼的三维视图

(2)主体模型的创建

建立整体结构模型,包括基础、柱、梁、楼板、楼梯等,其中柱、梁、板、楼梯混凝土等级皆为 C30,柱下条形基础、地梁混凝土等级为 C25,基础垫层混凝土等级为 C10。

(3)模型视图调整、创建及标注

①创建基础平面图、3.600 m 梁平面图或 7.200 m 梁平面图(任选其一)、楼梯剖面图,对基础、柱、梁、楼梯进行编号、尺寸标注,可参考给定图纸样式进行标注。

②利用视图样板,对平面、剖面进行视图样板的设定,以保证后面图纸输出的正确性。

(4)明细表创建

利用明细表功能统计混凝土用量明细表,要求包括类型名称、宽度、高度、合计等字段,相同类型名称的混凝土需进行合并,并计算总数。

(5)图纸布置

①创建图纸,采用项目样板中已经内置的"A2 图框结施"。

②把基础平面图,梁平面图分别布置到两张"A2 图框结施"图纸中。

③把楼梯剖面图与混凝土用量明细表布置到一张"A2 图框结施"图纸中。

④正确填写各图纸图框中的信息,包含项目名称、项目编号、班级、学生姓名等。

「任务解析」

➢ 本案例为标准的二层模型,模型整体相对简单,建模前需精确定位轴网和标高,保证后期建模位置正确。

➢ 本案例的难点为柱下条形基础建模,首先可使用结构框架的族样板进行建族,然后根据图纸将其布置在项目文件中。

4.2.8 B3_ZH_STR_3F_带弧形幕墙办公楼-100 min

「任务要求」

根据以下要求和给出的图纸(附件4.2.8:B3_ZH_STR_3F_带弧形幕墙办公楼图纸)及三维视图(图4.32)完成模型的创建,然后利用创建的BIM模型进行相关的BIM应用,包括模型标注与出图。输出结果文件,最终结果以"B3_ZH_STR_3F_带弧形幕墙办公楼.rvt"为文件名保存,同时存放Revit原始文件。具体要求如下:

(1)样板使用及基准确定

①利用提供的项目样板"BIM_Revit样板_结构2021.rte",创建新的项目文件,并保存为"B3_ZH_STR_3F_带弧形幕墙办公楼.rvt"。

②先创建标高和轴网,创建完成后作为后续创建模型的定位基础。

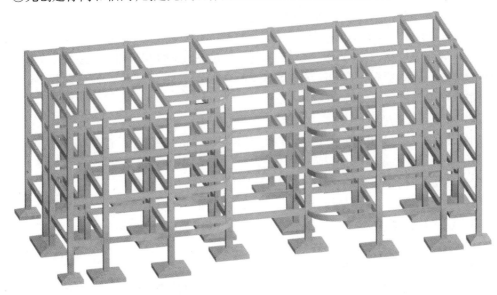

图4.32 带弧形幕墙办公楼的三维视图

(2)主体模型的创建

①建立整体结构模型,包括基础、柱、梁等,其中,独立基础混凝土等级为C30,柱、梁混凝土等级为C25。

②在建筑模型中创建楼板和楼梯。

(3)模型视图调整、创建及标注

①创建基础平面图、柱平面图、一层～屋面梁板平面图(任选其一)、对基础、柱、梁进行编号、尺寸标注,可参考给定图纸样式进行标注。

②利用视图样板,对平面进行视图样板的设定,以保证后面图纸输出的正确性。

(4)明细表的创建

利用明细表功能统计混凝土用量明细表,要求包括类型名称、宽度、高度、合计等字段,相同类型名称的混凝土需进行合并并计算总数。

(5)图纸布置

①创建图纸,采用项目样板中已经内置的"A2图框结施"和"A2+1/2图框结施"。

②把基础平面图、柱平面图分别布置到两张"A2 图框结施"图纸中。

③把梁平面图与混凝土用量明细表布置到一张"A2+1/2 图框结施"图纸中。

④正确填写各图纸图框中的信息,包括项目名称、项目编号、班级、学生姓名等。

「任务解析」

➤ 本案例为办公楼模型,属于规则的办公楼,建模相对简单些。基础建模前,可将需要用到的基础类型创建好,基础定位应准确,这将会影响到后面柱和梁的定位;如果尺寸定位错误,则会影响后面的建模。

➤ 本案例的难点为弧形梁建模,先确定圆心,绘制梁时选择"圆心-端点弧"进行绘制。

4.2.9　B4_ZH_STR_2F_综合办公楼-120 min

「任务要求」

根据以下要求和给出的图纸(附件 4.2.9:B4_ZH_STR_2F_综合办公楼图纸)及三维视图(图 4.33)完成模型创建,然后利用创建的 BIM 模型进行相关的 BIM 应用,包括模型标注与出图。输出结果文件,最终结果以"B4_ZH_STR_2F_综合办公楼. rvt"为文件名保存,同时存放 Revit 原始文件。具体要求如下:

(1)样板使用及基准确定

①利用提供的项目样板"BIM_Revit 样板_结构 2021. rte",创建新的项目文件,并保存为"B4_ZH_STR_2F_综合办公楼. rvt"。

②先创建标高和轴网,创建完成后作为后续创建模型的定位基础。

(2)主体模型创建

①建立整体结构模型,包括柱、梁,其中柱混凝土等级为 C30,梁混凝土等级为 C25。

②楼板、楼梯在建筑模型中创建。

(3)模型视图调整、创建及标注

①创建柱平面图、二层或三层梁平面图(任选其一)、对柱、梁进行编号、尺寸标注,可参考给定图纸样式进行标注。

②利用视图样板,对平面进行视图样板设定,以保证后面图纸输出的正确性。

(4)明细表创建

利用明细表功能统计混凝土用量明细表,要求包括类型名称、宽度、高度、合计等字段,相同类型名称的混凝土需进行合并,并计算总数。

(5)图纸布置

①创建图纸,采用项目样板中已经内置的"A2 图框结施"。

②把柱平面图、梁平面图分别布置到两张"A2 图框结施"图纸中。

③正确填写各图纸图框中的信息,包含项目名称、项目编号、班级、学生姓名等。

「任务解析」

➤ 本案例为办公楼模型,属于规则的办公楼,基础建模前,可将需要用到的基础类型创建好,基础定位应准确,这会影响后面柱和梁的定位,如果尺寸定位错误,将影响后面的建模。

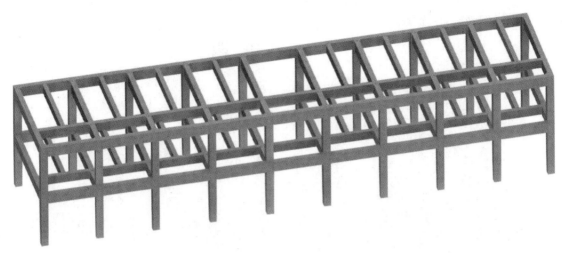

图4.33 综合办公楼的三维视图

4.2.10 B5_ZH_STR_2F_配送调度综合楼-180 min

「任务要求」

根据以下要求和给出的图纸(附件4.2.10:B5_ZH_STR_2F_配送调度综合楼图纸)及三维视图(图4.34)完成模型创建,然后利用创建的BIM模型进行相关BIM应用,包括模型标注与出图。输出结果文件,最终结果以"B5_ZH_STR_2F_配送调度综合楼.rvt"为文件名保存,同时存放Revit原始文件。具体要求如下:

(1)样板使用及基准确定

①利用提供的项目样板"BIM_Revit样板_结构2021.rte",创建新的项目文件,并保存为"B5_ZH_STR_2F_配送调度综合楼.rvt"。

②先创建标高和轴网,创建完成后作为后续创建模型的定位基础。

(2)主体模型创建

建立整体结构模型,包括基础、柱、梁、楼板、楼梯等,其中,基础、柱、梁、楼板、楼梯混凝土等级为C30,基础垫层混凝土等级为C15。

(3)模型视图调整、创建及标注

①创建柱平面图、二层或三层梁平面图(任选其一)、二层板平面图、2号楼梯剖面图,对柱、梁、楼板、楼梯进行编号、尺寸标注,其中,二层板平面图需在视图中体现、区别不同板厚、标高的楼板,且配合图例说明,可参考给定图纸样式进行标注。

②利用视图样板,对平面、剖面进行视图样板设定,以保证后面图纸输出的正确性。

(4)明细表创建

利用明细表功能统计混凝土用量明细表,要求包括类型名称、宽度、高度、合计等字段,相同类型名称的混凝土需进行合并,并计算总数。

(5)图纸布置

①创建图纸,采用项目样板中已经内置的"A2图框结施"。

②把柱平面图、梁平面图、板平面图分别布置到3张"A2图框结施"图纸中。

③把2号楼梯剖面图与混凝土用量明细表布置到一张"A2图框结施"图纸中。

④正确填写各图纸图框中的信息,包括项目名称、项目编号、班级、学生姓名等。

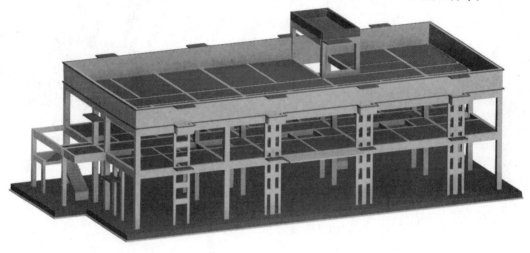

图4.34 配送调度综合楼的三维视图

「任务解析」

➤ 本案例为真实项目案例,虽然体量不大,但结构是所有案例中最复杂的。其结构设计有筏板基础、垫层、梁、板、柱、装饰线条、楼梯等。

➤ 筏板基础可分为两个部分进行绘制:一部分为平板;另一部分为图中剖面所示的位置,可使用内建模型绘制,筏板下的垫层更为复杂,垫层厚100 mm,复杂的位置主要是筏板设置剖面的位置,同样可以使用内建模型,需要用到空心融合剪切。

➤ 注意绘制梁时,同一位置,不同标高都有梁,在图中均已标注,需仔细看图,容易漏掉构件。

➤ 楼梯其实标高并不是在±0.000位置,在楼梯剖面图中可以看出。

➤ 本案例二层楼板有多种板厚和降板,在任务要求中要求读者使用不同的图例表达不同板类型,这里可以使用注释下的填充区域功能。

➤ 装饰线条可以使用墙体绘制,绘制墙体时,注意墙体的平面和立面位置。

➤ 本案例的一个难点为建模时结构比较复杂,构件较细,需仔细看图;另一个难点在于出图表达,不同类型的板使用不同的图例表达,在前面的案例中没有涉及。

第5章 虚拟建造综合案例

5.1 C1_MN_装配式叠合板生产线交互模拟

「任务要求」

根据装配式构件生产规范和要求,制作装配式叠合板生产线交互模拟(图5.1),具体要求如下:

①查阅相关资料,写出装配式叠合板生产线交互模拟脚本。

②根据脚本,建立装配式叠合板及生产线模型。

③将模型导入交互模拟制作软件,调整模型材质,美化场景。

④根据脚本,进行模拟动画制作。

⑤根据脚本,制作装配式叠合板生产线交互模拟。

C1_MN_装配式叠合板生产线交互模拟

图5.1 装配式叠合板生产线参考图

「任务解析」

➤ 本案例脚本可参考以下步骤(读者可根据自己的经验和需求,自行简化或深化脚本):

第一步:模台清理。

①用刮刀清理模台上固结块的大混凝土块,通过集料斗收集。

②用双滚刷深层次清扫模台,通过工业吸尘器收集清扫出来的粉尘,净化工作环境。

第二步:喷油。

对模台喷涂脱模剂,确保浇筑进来的混凝土与模台有一个彻底的分离,脱模时构件表面不会损坏。

第三步:划线。

划线机接收来自中央控制系统的构件几何形状数据,绘制构件的轮廓线。

第四步:边模与预埋件安装。

选择等同于构件厚度的边模,拼装在模台上,并用磁性固定块固定。

第五步:放置钢筋骨架及垫块。

第六步:模台横移。

第七步:混凝土布料。

对布料机进行混凝土浇筑。

第八步:振捣。

对振动台进行振捣。

第九步:表面拉毛。

通过拉毛机对叠合楼板进行拉毛处理。

第十步:养护。

堆垛机将构件送入养护窑进行养护。

第十一步:拆模。

养护完毕后,进行同条件试块的抗压试验,试验结果达到 70% 设计强度以上后进行模板拆除。

第十二步:吊装转运。

拆模完毕后,进行起吊工序,将底模翻转,角度控制在 80°~85°,生产达标的构件经过仓储和运输,被运往工地安装。

5.2   C1_MN_卷材防水屋面施工交互模拟

「任务要求」

根据卷材防水屋面施工规范和要求,制作卷材防水屋面施工交互模拟(图5.2),具体要求如下:

①查阅相关资料,写出卷材防水屋面施工交互模拟脚本。

②根据脚本,建立卷材防水屋面及场景模型。

③将模型导入交互模拟制作软件,调整模型材质,美化场景。

④根据脚本,进行模拟动画制作。

⑤根据脚本,制作卷材防水屋面施工交互模拟。

图5.2　卷材防水屋面的模型参考图

「任务解析」

➤　本案例脚本可参考以下步骤(读者可根据自己的经验和需求,自行简化或深化脚本):

第一步:清理基层。

在铺设卷材前,须将基层表面的凸起物、砂浆等异物铲除,并清扫干净。

第二步:抹找平层。

铺设20 mm水泥砂浆找平层。当找平层采用水泥砂浆、细石混凝土时,不宜大于6 m;采用沥青砂浆时,不宜大于4 m。宜留设分隔缝,缝宽宜为20 mm,并嵌填密封材料。落水口周围直径500 mm范围内坡度不小于5%。

第三步:涂刷基层处理剂。

冷底子油、基层处理剂喷、涂前首要检查找平层是否干燥并清扫干净,然后用毛刷对屋面的节点、周边、拐角等部位进行处理,最后才能大面积喷、刷。喷、刷要薄而均匀,不能漏白或过厚起皮。

第四步:复杂部位的附加层施工。

对屋面管子的根部做防水附加层处理。对三面阴角处、阳角处的附加层也要做特殊处理。

第五步:铺贴女儿墙防水卷材。

女儿墙防水卷材横向铺贴,卷材宽度上下均不得小于150 mm。

第六步:定位、弹线。

为使卷材铺贴平整,需先在基层用白色粉笔弹画基准线,然后用卷尺量出150 mm的搭接距离。

第七步:铺贴屋面第一遍防水卷材。

第一遍防水卷材为3 mm厚,搭接宽度均为100 mm,同一面相邻卷材接头错开至少500 mm。点燃火焰喷枪,烘烤卷材底面与基层交接处,使卷材底面的沥青熔化,施工时应注意调节火焰的大小,火焰喷枪与卷材的距离应为 0.3～0.5 m。用抹子将熔化的沥青抹平,用手持压滚用力滚压,使卷材与基层黏结牢固。边加热边向前移动卷材。

第八步:铺贴屋面第二遍防水卷材。

第九步:蓄水试验。

蓄水 24 h 以上,屋面无渗漏为合格,然后进行放水。

第十步:清理屋面。

将屋面的残留物清扫干净。

第十一步:保护层施工。

在防水层上浇筑 30～50 mm 厚细石混凝土层。

5.3 C1_MN_楼梯模板支护交互模拟

「任务要求」

根据楼梯模板支护规范和要求,制作楼梯模板支护交互模拟(图 5.3),具体要求如下:

①查阅相关资料,写出楼梯模板支护交互模拟脚本。

②根据脚本,建立楼梯模板及场景模型。

③将模型导入交互模拟制作软件,调整模型材质,美化场景。

④根据脚本,进行模拟动画制作。

⑤根据脚本,制作楼梯模板支护交互模拟。

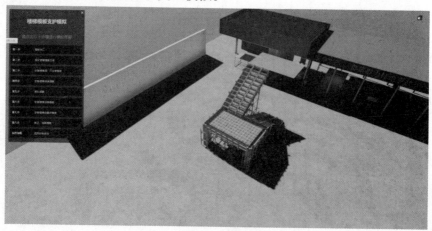

图 5.3 楼梯模板的模型参考图

「任务解析」

➤ 本案例脚本可参考以下步骤(读者可根据自己的经验和需求,自行简化或深化脚本):

第一步:模板加工。

楼梯模板采用 18 mm 厚耐水双面漆胶合板。楼梯模板由 5 个部分组成,分别为平台板底模、楼梯底模、平台板侧模、楼梯侧模、踏步立模。

第二步:搭设楼梯模板支架。

竖立杆横向间距为 800 mm,纵向间距为 900 mm。水平拉杆第一道离地 300 mm,主龙骨架在可调高度的顶托上,既便于施工,又能随时矫正梁标高。将次龙骨(与主龙骨垂直)铺设在主龙骨上,间距为 300 mm。

第三步:安装楼梯梁、平台板模板。

第四步:安装楼梯段底模板。

先在两端拉线将次龙骨面整平顺后,再安装楼梯段底模板。

第五步:绑扎钢筋。

绑扎楼梯梁、平台板、楼梯板钢筋。

第六步:安装楼梯段侧模板。

楼梯段侧模板安装采用侧模包底模的方法安装,安装时在平台段侧模板顶部和楼梯梁侧模板顶部拉通线安装。

第七步:安装楼梯段踏步模板。

楼梯段踏步模板安装时要紧靠楼梯段侧模板所锯出的台阶竖边上。

第八步:矫正、加固模板。

全部安装完后,要注意多排侧板用钢管纵向拉结。

5.4　C1_MN_混凝土主体结构施工交互模拟

「任务要求」

根据混凝土结构施工规范和要求,制作混凝土主体结构施工交互模拟(图5.4),具体要求如下:

①查阅相关资料,写出混凝土主体结构施工交互模拟脚本。

②根据脚本,建立混凝土主体结构及场景模型。

③将模型导入交互模拟制作软件,调整模型材质,美化场景。

④根据脚本,进行模拟动画制作。

⑤根据脚本,制作混凝土主体结构施工交互模拟。

「任务解析」

➤　本案例脚本可参考以下步骤(读者可根据自己的经验和需求,自行简化或深化脚本):

第一步:施工准备。

混凝土浇筑前,需将模板清理干净,保证混凝土强度。

第二步:混凝土浇筑。

混凝土运输车将混凝土运输进场,把运输车内混凝土卸入混凝土泵车,开始进行浇筑。混凝土应分层浇筑振捣,每层厚度不大于 50 cm。振捣棒不得触动钢筋和预埋件。梁、板应同时浇筑,先将梁分层浇筑成阶梯形,当达到楼板位置时再与板的混凝土一起浇筑。用木板辅助将混凝土刮平加快浇筑速度,板面混凝土采用平板振捣器振捣。

第三步:标高找平。

混凝土涂料后对楼面标高进行总体找平,用钢卷尺测量混凝土完成面至细线的标高,高

图5.4　混凝土主体结构的模型参考图

度为混凝土完成面以上1 m。

第四步:抹面处理。

混凝土浇筑后,在混凝土初凝前和终凝前分别对混凝土表面进行抹面处理。

第五步:混凝土养护。

混凝土浇筑完成后,应在12 h以内加以覆盖和浇水。一般混凝土养护期不小于7天,混凝土浇筑完成后强度未达11.2 MPa之前不得上人。

5.5　C1_MN_钢桁架梁吊装施工交互模拟

「任务要求」

根据钢桁架梁吊装规范和要求,制作钢桁架梁吊装施工交互模拟(图5.5),具体要求如下:

①查阅相关资料,写出钢桁架梁吊装施工交互模拟脚本。

②根据脚本,建立钢桁架梁及场景构件模型。

③将模型导入交互模拟制作软件,调整模型材质,美化场景。

④根据脚本,进行模拟动画制作。

⑤根据脚本,制作钢桁架梁吊装施工交互模拟。

「任务解析」

➤　本案例脚本可参考以下步骤(读者可根据自己的经验和需求,自行简化或深化脚本):

第一步:主索鞍及散索鞍施工。

全桥共设4个主索鞍和4个散索鞍,鞍体均采用铸焊结合的形式。主索鞍采用塔顶门架

图 5.5　钢桁架梁的模型参考图

进行吊装施工,吊装上下承板。主索鞍加工时分成两半,分别吊装就位。散索鞍采用锚定门架进行吊装施工。

第二步:主缆、锁夹及吊索施工。

主缆采用双线式往复牵引系统由南向北进行架设,锁夹由跨中和锚定处向塔顶逐只安装,再依次进行吊索安装。

第三步:钢桁梁中跨架设。

按预先设计顺序从中跨向边跨对称架设、直至合拢。钢桁梁在工厂分段制造,再用船运输到桥位处,主跨采用缆载吊机架设,由两台缆载吊机自跨中至主塔同时对称吊装。

第四步:钢桁梁边跨架设。

①安装支撑、钢平台及滑移轨道,边跨先采用缆载吊机起吊后,采用荡移法移动到钢平台上,最后通过节段滑移逐段安装,并预留 20 cm 间隙便于合拢安装。

②考虑 S08 节段垂直吊装会出现斜腹杆与下弦杆交错的问题,需拆除 S07 和 S08 斜腹杆共 4 根,在 S07 和 S08 节段吊装完毕后,将拆下来的 4 根斜腹杆安装上去。

③另一侧采用相同的方法施工。

第五步:前锚室及顶部冠梁等施工。

缆套安装、冠梁浇筑及前锚室等浇筑成型。

第六步:附属设施施工。

最后进行桥面、栏杆、轨道等附属设施施工。

附录　案例评分参考表

说明:

1.本书中的案例第1—3章初级案例建议分值为20分,中级案例建议分值为30分。第4章若和前面3章组合成一套试卷,建议分值为50分,若单独使用,则分值为100分。

2.本评分参考表第1—3章以族为例,第4章综合模型以中级案例为例,按照100分分配分值。

3.本参考表以教学为目的,若作为其他用途,可对分值做进一步细化。

案例编号	案例名称	评价标准	参考值	分值	得分
1.1.2 A2_ZU	休息亭	族文件保存,错误得0分	休息亭.rfa	1	
		底座绘制,包含4个台阶,台阶错1处扣0.5分(注意台阶凹凸方向不对为错误,不得分)。长方体部分错1处扣1分	参照三维视图及二维视图,核对尺寸	5	
		4个柱子,错1处扣0.5分	柱子半径33 mm,注意柱子截面圆心的定位	3	
		屋顶部分,屋顶三角形断面部分错1处扣2分,凸出半圆形断面部分错1处扣2分,内部没有空心剪切,每个方向扣1分	参照三维视图及二维视图,核对尺寸	7	
		族材质设置,2个材质名称,错1个扣1分	"屋面板-3片灰色沥青""竹木"	2	
		族材质样式,差距过大1个扣1分	参照平台轻量化模型	2	
		总分		20	
1.2.1 B1_ZU	双层床带书架	族文件保存,错误得0分	双层床带书架.rfa	1	
		族参数设置,参数名称错1个扣1分	"床高""床宽""上铺高度"	3	
		参数能正常调整,不能正常调整参数的1个扣1分	调整参数测试,调整参数后,不出现报错,床各部分正常变化	3	

案例编号	案例名称	评价标准	参考值	分值	得分
1.2.1 B1_ZU	双层床 带书架	爬梯绘制,错1处扣1分	爬梯扶手截面为20 mm×24 mm,参照图纸及三维视图	4	
		书架绘制,错1处扣1分	参照三维视图及二维视图,核对尺寸	7	
		上下床绘制,错1处扣1分	参照三维视图及二维视图,核对尺寸	8	
		族材质设置,2个材质名称,错1个扣1分	"钢材""胡桃木"	2	
		族材质样式,差距过大1个扣1分	参照平台轻量化模型	2	
		总分		30	
4.2.1 B1_ZH_ AR_3F	带幕墙 综合楼	文件夹命名和文件命名,错1个扣1分	"B1_ZH_AR_3F_带幕墙综合楼""B1_ZH_AR_3F_带幕墙综合楼.rvt"	2	
		项目样板使用,没有使用样板扣2分	通过图框可以判断是否使用项目样板	2	
		标高轴网,错1处扣1分	参照图纸	5	
		墙体类型名称及构造层设置,类型名称错1个扣1分,构造层错1处扣1分	"外墙面-浅灰色纸皮砖-200 mm"(外墙结构层为190 mm厚浅灰色纸皮砖,外墙内墙面为10 mm厚砂浆)、"内墙-普通墙体-200 mm"(内墙面层为10 mm厚石膏墙板,结构层为180 mm厚金属立筋龙骨层)	5	
		墙体创建,错1处扣1分(酌情打分)	墙体完整度,正确度,参照图纸	10	
		幕墙创建,错1处扣1分(酌情打分)	参照图纸	5	
		门窗类型名称,错1处扣1分	如M1021,C1516	4	
		门窗绘制,错1处扣1分(酌情打分)	参照图纸	6	
		楼梯类型名称及参数设置,错1处扣1分	"建筑楼梯_面砖_280 mm×160 mm-50 mm"、(梯段踏板厚度为50 mm,踢面厚度为20 mm)、休息平台(平台类型为"非整体平台")	3	

续表

案例编号	案例名称	评价标准	参考值	分值	得分
		楼梯绘制,错1处扣1分(酌情打分)	参照图纸	3	
		室外地坪,错1处扣1分(酌情打分)	标高−0.45 m	3	
		楼板绘制及楼梯处开洞口,错1处扣1分(酌情打分)	"常规−50 mm"、开洞是否正确	6	
		室外台阶坡道绘制,错1处扣1分(酌情打分)	参照图纸	3	
		结构模型整合,没有整合不得分(若没有绘制结构模型,此项可不设置,微调其他项分值即可)	连接结构模型	3	
		建筑外观渲染,没有则不得分	渲染质量不做要求	2	
		创建剖面视图、视图样式、范围调整和尺寸标注,错1处扣1分,没有创建剖面视图,得0分	参照图纸	6	
		任务中要求出图的视图范围及样式调整(除剖面图外),错1处扣1分	参照图纸	10	
		任务中要求出图的视图尺寸标注(除剖面图外),错1处扣1分	参照图纸	15	
		门窗明细表统计,错1处扣1分	参照图纸	4	
		图纸布置,错1处扣1分	参照任务要求	3	
		总分		100	

主要参考文献

［1］孙兆英,汤辉,杨文生.BIM 实训中心建筑施工图[M].北京:化学工业出版社,2015.

［2］卫涛,李容,刘依莲.基于 BIM 的 Revit 建筑与结构设计案例实战[M].北京:清华大学出版社,2017.

［3］张泳.BIM 技术原理及应用[M].北京:北京大学出版社,2020.

［4］本书编委会编.BIM 技术知识点练习题及详解[M].北京:中国建筑工业出版社,2017.

［5］廖小烽,王君峰.Revit 2013/2014 建筑设计火星课堂[M].北京:人民邮电出版社,2013.

［6］胡仁喜,刘昌丽.Revit 2021 中文版从入门到精通[M].北京:人民邮电出版社,2021.